崔光勋

范 悦◎著

日本集合住宅设计演变

nLDK

nLDK

中国建筑工业出版社

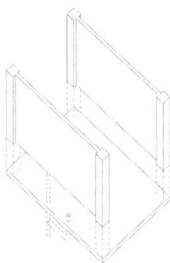

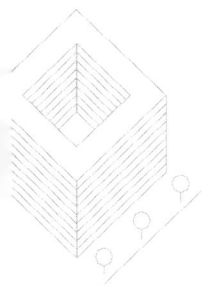

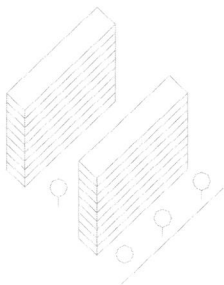

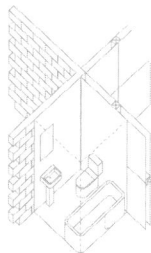

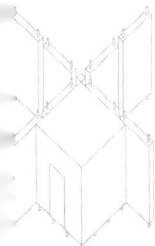

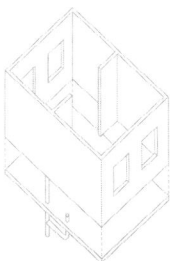

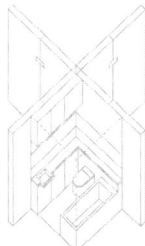

前　言

　　"集合住宅"这一概念最早出现在1926年日本出版的《集合住宅》一书中。由于中日汉字文化的同源性，该概念随后传播至中国台湾地区及大陆。作为日本主流的居住形态，集合住宅曾经承载着60%左右的常住人口，且这一比例伴随着都市圈的扩张持续攀升。集合住宅的建设发展深刻影响了国民居住模式转型、社会福祉提升及住宅的整体进化。特别是1980年日本建设省提出的"百年住宅"政策，开启了集合住宅长期优良化发展的新阶段。

　　日本集合住宅历经百年演进所形成的制度体系与技术路径，对我国当前住宅建设具有重要参考价值。本书基于笔者留日期间收集的一手资料和研究成果，通过系统梳理其设计演变，旨在揭示集合住宅的不同层级要素之间的内在关联及其发展规律，以及形成长期优良型集合住宅的内在机制，为我国住宅可持续发展提供借鉴。

　　全书采用历时性叙述结构，首先从日本集合住宅的发展历程及政策措施（概论）、住区形态、生活模式与户型平面、技术体系等4个层面展现了日本集合住宅的发展演变，这些内容分别对应本书前面4个章节。其次，通过前面章节的总结，阐述了长期优良型集合住宅设计策略与方法，构建了日本集合住宅的长期优良性能评价体系，并对日本典型集合住宅案例进行评价。通过对集合住宅的类型演变、设计策略及性能评价的研究，为多方面理解集合住宅问题提供了一种思路，从而能更加有机辩证地思考我国集合住宅未来发展的方向。

崔光勋

目　录

第一章
概　论

日本集合住宅供给概况

　　日本集合住宅的系统化、规模化供给是从 1920 年代开始的。早期供给将主要精力放在了对居住模式和建筑形制的探索上，加之第二次世界大战期间工业生产全面导向军需产业，住宅供给力度处于较低水平，建设总量不足 3 万套。"二战"结束后，面对 420 万套住宅的大量短缺，日本政府组建公营、公团、公库等政府机构着手建设大批量集合住宅，从此日本进入了真正意义上的住宅大量供给阶段。在此之后的 30 年间，日本住宅建设量逐年提高，1973 年达到了峰值 190 万套左右（图 1-1）。

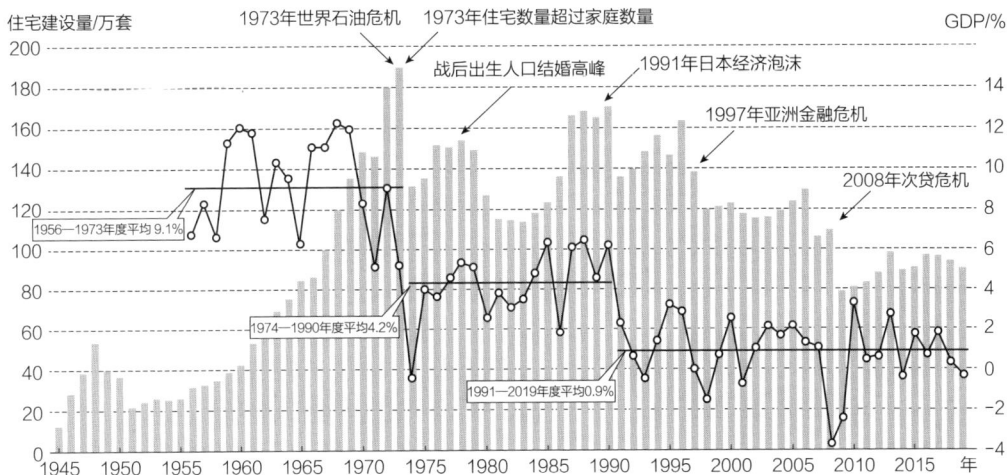

图 1-1　日本逐年住宅建设量与 GDP 推移

但在这一年发生了两件足以影响住宅供给模式的事件，一是世界石油危机，二是日本全国住宅总量超过了家庭数量（图 1-2），受这些事件的影响，第二年的住宅建设量减少了 1/3 左右，供给目标从"量"向"质"转变。虽然建设量大幅降低，但在 1976 年日本迎来了战后[①] 第一批出生婴儿的结婚潮，购房需求增加，建设量随之上升，但几年后再次下降到 1973 年的 2/3 左右。进入 1980 年代后期，日本采用金融环境宽松政策，经济快速复苏，住宅建设量迎来第三个高峰；但好景不长，1991 年日本泡沫经济破灭，建设量再次下跌。此后，住宅建设随着 1997 年亚洲金融危机和 2008 年的美国次贷危机，整体呈现出阶梯式下降趋势，从 2009 年开始，建设量徘徊在 1973 年最高水平的一半左右。值得关注的是，根据野村综合研究所预测，日本未来新建住宅的建设量将持续减少，到 2030 年，建设量可能维持在 63 万套左右，不到日本最高峰的 30%。

① 本书中"战前""战后"指第二次世界大战开始前及结束后。

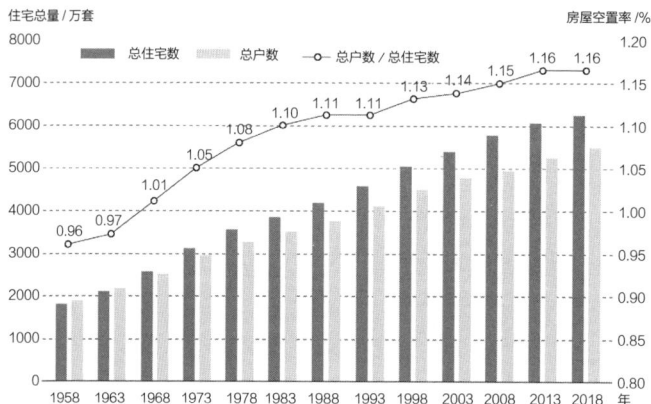

图 1-2　住宅数、家庭数（户数）、房屋空置率的推移

集合住宅数量占比

① 一户建：指一个家庭居住在一个独立的建筑之中，也叫独院住宅。1960年代日本经济高速增长，独院住宅是日本私家住房最初的理想模式，一般为2至3层，面积在100~300m²。

② 长屋：面向狭窄的小巷而建造的1至2层传统木造住宅。长屋的每一户是并排建的，但每一个住户都有一个单独与外部相连的玄关和通道，与我国联排住宅类似。

日本的住宅类型主要分为一户建①、长屋②和集合住宅三大类，一户建和长屋是日本传统住宅形式，具有较长的发展历史，而集合住宅是新兴事物，在战前的同润会时期开始涌现。集合住宅经过近一个世纪的发展，其数量已占到住宅总量的43.5%（图1-3）。从不同的地域分布来看，经济发达的大城市比其他地区集合住宅数量占比更高，其中东京都比例最高，达到71%，其后是神奈川县55.9%、大阪府55.2%、福冈县52.6%，这些地区的集合住宅户数比例均超出了日本平均水平（图1-4）。

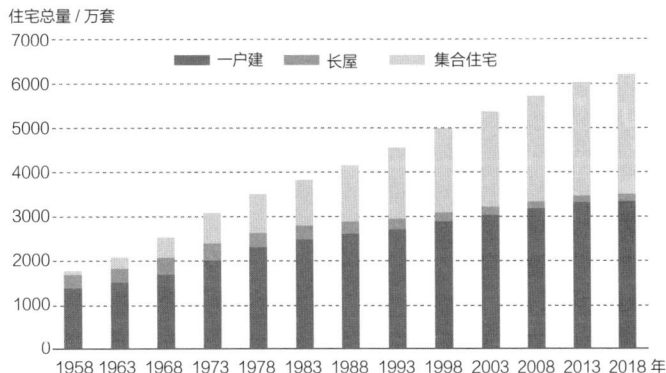

图 1-3　日本主要住宅类型数量的推移

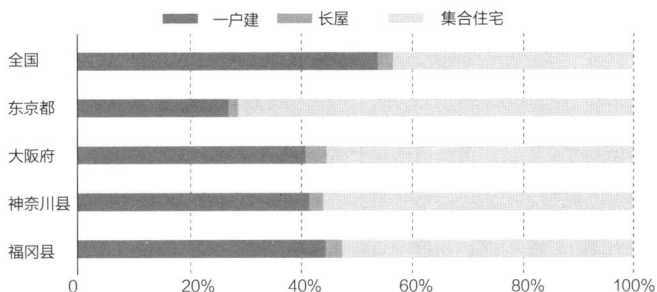

图 1-4　日本主要住宅类型分布占比

集合住宅的层数与结构形式

在整个日本集合住宅发展历程中，建筑层数也发生了明显的变化。随着土地资源的持续减少，人口大量涌向大城市，东京和大阪最早开始出现集合住宅高层化现象。6层以上的集合住宅从1970年代开始集中建设，到2018年，其占比达到了集合住宅总量的35.5%，其中11层以上为14.7%，15层以上为4.0%（图1-5），东京、大阪、横滨、神户、名古屋、福冈六大城市的15层以上的集合住宅占了整个日本的70%以上，可谓大城市的高层化现象显著。此外，日本地震多发，集合住宅结构形式主要采用抗震防火性能优良的钢筋混凝土结构，而木结构更多应用于层数较低的一户建和长屋住宅中。

上述日本整体住宅供给历程具有明显的阶段性特征。日本学界根据不同经济增长阶段[①]，对集合住宅整体发展做了四个时期的划分：1920—1945年集合住宅萌芽时期，1946—1973年石油危机之前的大量供给时期，1974—1991年泡沫经济破灭之前的多样化探索时期，1992年至今的再生时期。在不同

① 日本经济发展的三个时期：战后至1973年第一次石油危机的高速成长期；1974—1991年泡沫经济破灭为止的稳定成长期；1992年至今的低成长期。

住宅总量/万套

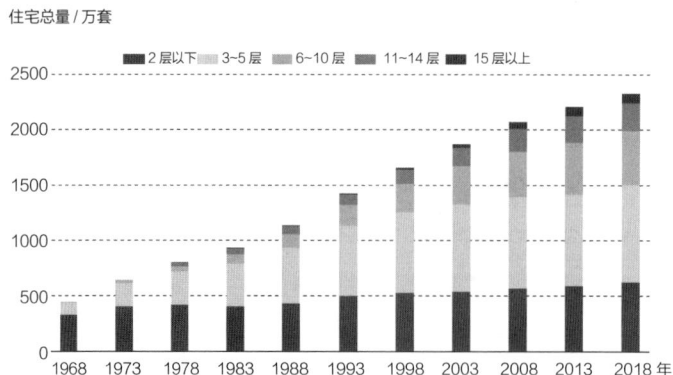

图例：■ 2层以下　■ 3~5层　■ 6~10层　■ 11~14层　■ 15层以上

图1-5　日本集合住宅不同层数的住宅数

的发展时期中，日本根据社会环境变化进行了一系列政策改革和技术研发，使集合住宅建设更加贴近社会和人本所需。

第一阶段：集合住宅萌芽时期

集合住宅的出现

日本最早的集合住宅案例可追溯到 1904 年的三菱一丁伦敦 6/7 号馆，这是居住与办公一体的欧式砖混结构建筑（图 1-6）。虽然其居住属性并不纯粹，但在多层建筑中集中居住模式的出现，预示着日本集合住宅时代的到来。

在明治时代（1868—1912 年）后的近代工业发展阶段中，部分煤矿产区出现了一些生产和生活同在一个限定区域的集体居住模式（图 1-7）；到了大正时代（1912—1926 年）后期，城市中心区陆续开发了改善城市居民生活品质的，效仿欧洲的公寓型集合住宅，其中御茶水文化公寓（1925 年）被日本学界认为是第一个真正意义上的集合住宅（图 1-8）。户型采用

图 1-6　三菱一丁伦敦 6/7 号馆

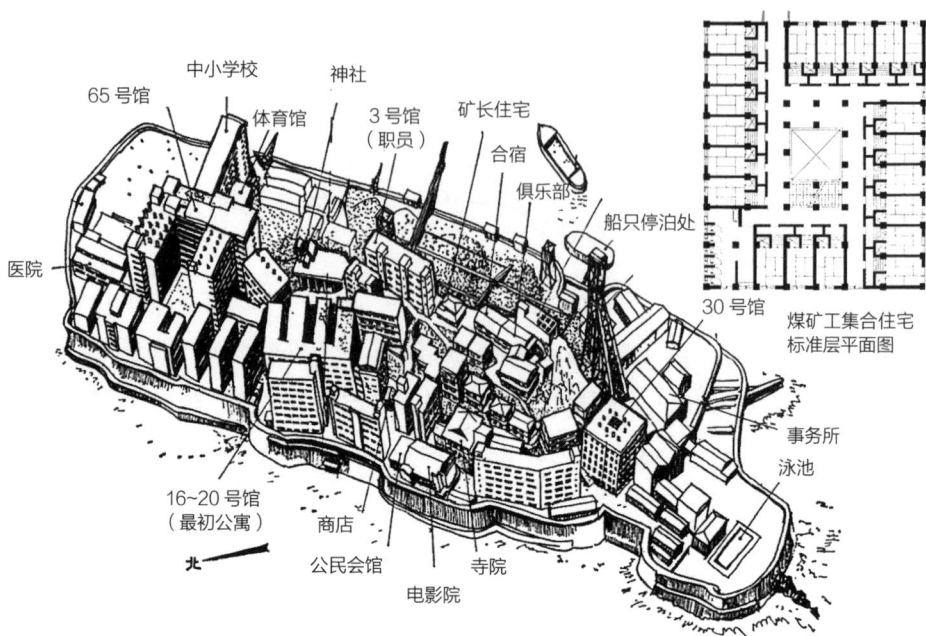

图 1-7 西山卯三绘制的军舰岛及煤矿工集合住宅

20~80m^2（1~3 室）的洋式（现代式）格局，内部配有床、椅子、桌子、电话、燃气灶台、暖气等现代化设施，建筑一层还配置了社交室、咖啡馆、宴会厅等公共场所。这种住宅建设标准高、设施齐全，其租金价格高出周边传统住宅五六倍，因此，早期的城市集合住宅没有做到对平民阶层的普惠[1]。

集合住宅供给机构的设立

集合住宅真正面向平民阶层是在 1923 年关东大地震后。此次地震破坏了横滨和东京的许多木结构住宅，13700 户家庭不得不搬进临时棚屋。为了解决灾后居民安置问题，1924年 5 月财团法人设立了日本第一个以城市规划师和建筑师为核心成员的公共住宅供给组织"同润会"，同时设立灾后复

图 1-8　御茶水文化公寓

兴基金，着手建造能够抗震和耐火的高强度钢筋混凝土结构住宅。同润会在此后的 18 年间，分别在东京和横滨等 16 个地方建设了 2800 套钢筋混凝土集合住宅，但这一数量面对十几万家庭的安置需求，只能说是杯水车薪 [2]23。

　　1937 年日本发动了全面侵华战争，大量劳动者聚集到大城市近郊的军需工厂工作，进一步加剧了城市郊区住宅短缺问题。为了缓解供需矛盾，日本政府直接介入住宅建设领域，于 1941 年成立国家直属的住宅供给组织——住宅营团（1941—1946 年），同时将同润会并入其中。住宅营团根据当时现有存量，制定了日本历史上第一个国家层面的住宅建设目标：建设 3 万套家庭住宅和 200 套单身宿舍，随后制定了一系列以提升建设量为目标的"数量主义"政策 [2]25。但战争原因阻碍了社会资源向民生问题的倾斜，住宅营团未能完成第一个建设目标，五年后不得不面临解散。虽然住宅营团早早地退出历史舞台，但它所倡导的高效的住宅供给理念，对战后的住房大量供给产生了较大的影响。

第二阶段：大量供给时期

在 1946—1973 年石油危机爆发前的近 30 年里，日本政府通过探索标准化的住宅系列产品和工业化建造技术，为社会各阶层提供了大量的集合住宅。这个时期的住宅设计采用标准化、系列化设计模式，以保证建造速度和整体品质。此外，住区设计根据地形风貌和规划理念，选取适宜的标准化、系列化住宅产品，以搭配组合的方式进行排布，具有通用性强、简单高效的特点。

完善组织机构与相关政策

面对战后空前的 420 万套住宅缺口，日本迫切需要健全的组织机构和政策体系，以此来保证住宅的快速供给。此时日本战后重建机构做出了新建住宅的标准设计，并规定建设主体按此标准建设时，将会得到相应的国库资金补贴。该政策通过开创性的设计与补贴相结合的方式，对标准设计的推广起到了实质性作用 [3]32。随后，1950 年日本通过法律修订，将标准设计和国家补贴并行的住宅更名为公营住宅，第二年颁布了《公营住宅法》，着手开展面向城市低收入群体的集合住宅建设。战后复苏工作告一段落后，1956 年的经济白皮书上写着"经济已不是战争刚刚结束后的状况"，但在国民生活白皮书上则写道，"住宅仍然是战争刚刚结束后的状况"。这意味着单凭公营住宅一家之力，无法解决全国住宅短缺问题 [4]。基于此，1955 年日本政府专门设立了住宅金融公库，筹集住宅建设资金，为民间的住宅开发建设提供金融服务。此外，1956 年还设立了公益住宅机构——日本住宅公团，专门建设针对城市上班族的租赁型集合住宅。经过十多年的不懈努力，日本完成了住宅供给的三驾马车：公营、公库、公团。其中，公团作为住宅建设主力军，遵循了以下开发原则：①住宅主要面向城市地区劳动者；②建设地点集中在大城市郊区；③开发大规模住宅团地；④住宅应具有良好的抗震耐火性能；⑤引入民间资本。此外，公团还全面推动了住宅设计标准化、建造工法的探索以及规格部品的开发等[4]18。

进入 1960 年代，城市人口急速上升，住宅数量不足的情况仍然持续。于是，1966 年日本政府出台了由国家、地方和民众共同参与，以提高住宅供给作为目标的第一期住宅建设五年计划："一户家庭一套住宅"，并将此上升到国家政策纲领的高度。

以大量供给为目标的标准设计

为了大量供给顺利进行，日本各界研究团体和机构进行了以标准化设计为目标的一系列探讨，包括寸法计划、模数协调、住宅工业化等[5]。

战后日本提出了面向核心家庭的 DK 型住宅形式。其中最为典型的代表是根据东京大学吉武研究室原案设计的公营住宅标准设计 51C 型，51C 型户型内设置了 2 个居室和可供就餐的厨房，还设置了专用浴室和阳台。此后，日本提出了能够适应多种家庭人员构成的"居室数 +DK"的"型系列"设计方法（图 1-9），先后制定了 1963 年版和 1967年版的全国统一标准设计，形成了较为完善的标准化、模块化设计体系。

居住人数
（居住人头数）

卧室　　　餐厅　工作室　起居室　户型
　　　　　　　　工作/　家族　（所需房间的组合方式）
　　　　　　　　就寝　成员聚会/
　　　　　　　　　　　就寝

夫妇　儿童　幼儿　　数字：榻榻米叠数（面积）

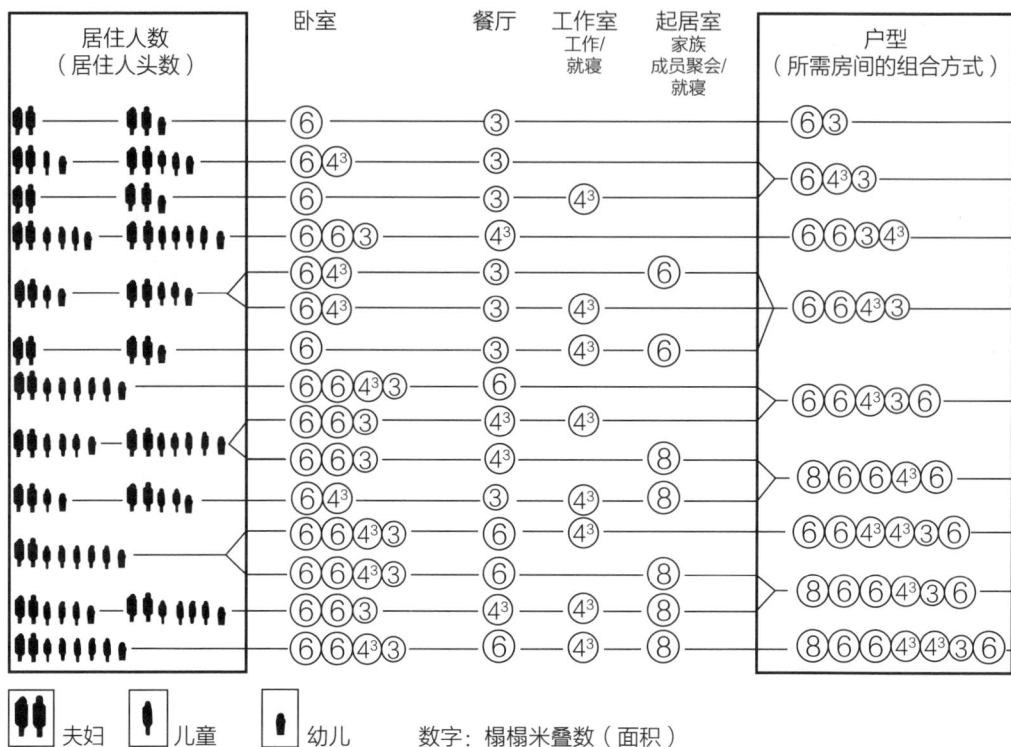

图 1-9　"型系列"的设计提案：居住人数→所需房间（户型）→类型（P010—011）

基于标准设计的住宅工业化

　　面对快速建造需求和劳动力不足，日本住宅公团成立之初便积极探索了以标准化设计为基础的工业化建造方式，开发出了大板构件在工地现场制作和养护的 Tilt-Up 工法（图 1-10），这种现场制作和吊装的施工模式相比传统人工支模浇筑，在建造速度和节省人力方面优势显著[6]。Tilt-Up 工法应用成功后，日本将现场的构件制作转向工厂化生产，有效盘活了战后闲置的军工产业，初步完成了以预制大板工法

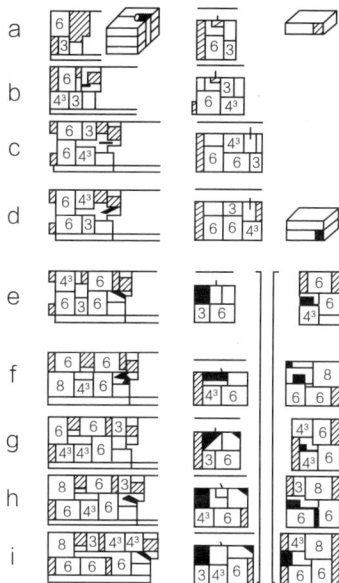

类型	单元式	走廊式
●	D	E、F
a		
b		
c		
d		
e		
f		
g		
h		
i		

▦▦▦ 楼梯

为基础的日本集合住宅工业化体系。

1957 年，日本住宅公团开始试点低层工业化集合住宅，如多摩平团地、高根台团地、草加松原团地等，共建设了 1600 套，而中层工业化集合住宅的建造是从 1962 年开始的。

1970 年，日本公营在前期积累的经验基础上，完成了以预制大板结构为主的集合住宅工业化标准设计 SPH（standard of public housing），开发了以 90cm 为基本模数的平面系统、可多次重复使用的浇筑模板、整体浴室内装等部品。SPH 以标准设计为核心，对工业化生产和建造模式做了优化，达到了降本增效的目的，但过度标准化也导致住宅平面和形式单一，在日后受到了质疑与批判。

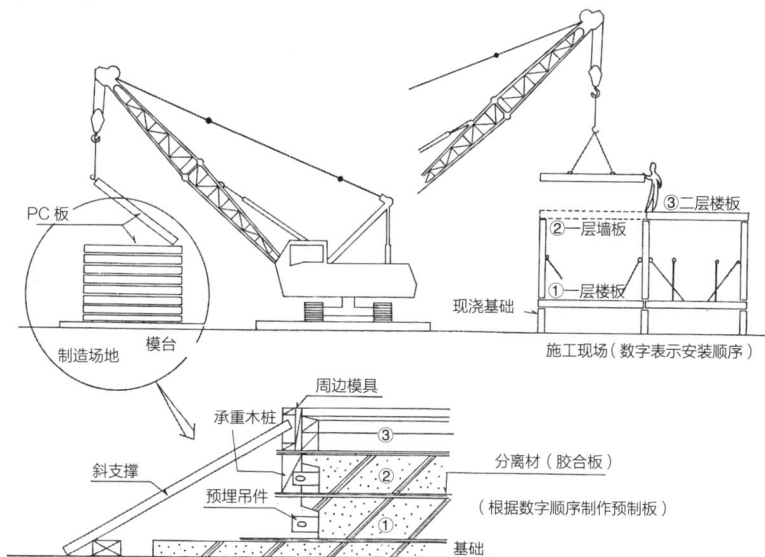

图 1-10　Tilt-Up 工法概念图

第三阶段：多样化探索时期

通过政府和各个组织团体的不懈努力，到了 1973 年，日本国内 47 个都道府县①内的住宅数量首次超过了总家庭数量，实现了长久以来"一户家庭一套住宅"的梦想。与此同时，日本遭受了第一次石油危机，在存量和经济的双重影响下，住宅已不再是一种稀缺品，这不仅抑制了住宅的建设量，还使住宅建设目标发生了方向性的转变。1976 年的第三期住宅建设五年计划制定了"满足住户多样化需求的高品质住宅建设"目标，不再强调如第一期"一户家庭一套住宅"和第二期"一人一室"中对数量的追求。

① 日本行政区的设置可简单地概括为都道府县：都为东京都，道为北海道，府为大阪府，县为其他的各个地方县。

对标准化设计的反思

随着社会各界对多样化、高品质居住的呼声越来越高，公团废除了开发近 30 年的标准设计，暂停并重新审视正在设计和建设中的项目，目的在于让设计重新回归到居住和场地的真实需求，能够营造丰富的生活场景，实现居住的多样性。在这场全方位、多样化和高质量的攻坚战中，公营、公团开展了关于居住模式、住宅设计、技术体系方面的多项研究。

满足多样居住需求的技术体系研发

1. KEP 实验计划

公团在 1974—1980 年进行了一项实验住宅计划 KEP（Kodan Experimental Housing），内容主要包括部品的选择和更换、住户多样化需求的弹性隔间设计方法、适应更新改造的建筑产品等。在户型设计方面，KEP 将居住空间划分为固定和可变两个区域，固定区域包括卫生间、厨房、淋浴等功能空间；可变区域主要有卧室、餐厅以及客厅等生活空间。在可变区域中，通过可移动的收纳和隔墙系统，在使用过程中提供多样的户型平面。此外，KEP 在施工阶段实现了主体结构工业化安装并采用了开放部品，可以说 KEP 计划是开放建筑理论在日本的具体应用 [7]。

2. 公营住宅多样化设计系统

在户型和结构设计方面，1975 年公营住宅提出了新的多样化设计系统 NPS（new planning system），该系统以公营住宅标准化为背景，反对以大型大板装配为主的标准化设计，提倡根据尺寸、连接规则的确定和开放的部件来弹性地建造住宅。该系统试图开发能够满足各个住宅团地差异性条件的标准性规范，加强单一户型的平面构成自由度，实现一个住宅单元内形成多种住户平面的可能。NPS 设计方法，在早期确实脱离了标准化的建造，但是由于NPS 系统的复杂性，该体系并没有很好地渗透到实际的设计建造中 [3]33。

3. CHS 系统

1980 年，日本建设省提出了住宅建设"提升计划"，其中包括了一项提升住宅耐久性（100 年）和以提高居住机能为目的的综合性住宅供给部品化系统 CHS（century housing system）（图 1-11）。该系统将住宅的各个部位根据不同的耐久年限进行适当的分离，让部品的更换更加灵活方便，从而使住宅整体保持长期优良的性能 [8]。这套系统综合反映了NPS 的设计多样化、公营住宅设计的单元标准化、KEP 的

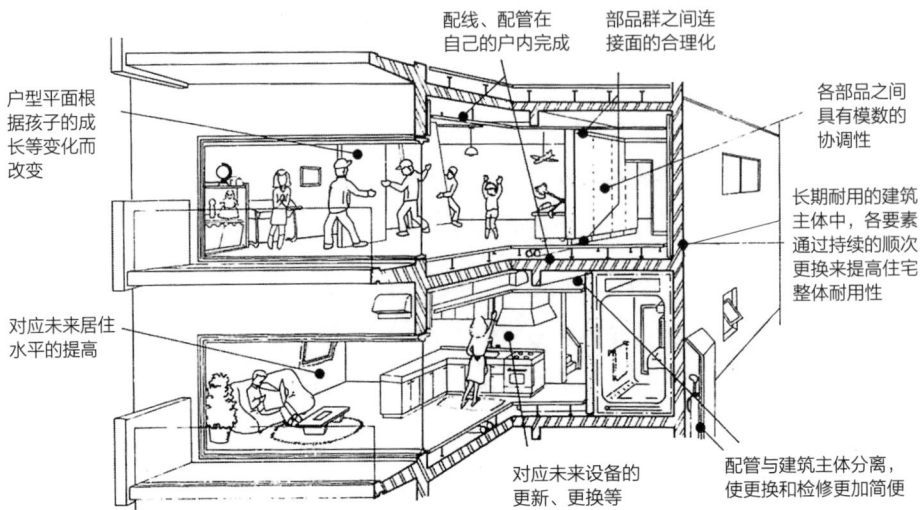

户型平面根据孩子的成长等变化而改变

配线、配管在自己的户内完成

部品群之间连接面的合理化

各部品之间具有模数的协调性

长期耐用的建筑主体中，各要素通过持续的顺次更换来提高住宅整体耐用性

对应未来居住水平的提高

对应未来设备的更新、更换等

配管与建筑主体分离，使更换和检修更加简便

图 1-11　CHS 概念图

部品开放化等思想。CHS 的出现激发了相关新型住宅技术和产业的研发积极性，为住宅建设的可持续发展奠定了良好基础。

设计过程中的居住者参与

1. 二阶段供给方式

二阶段供给是由京都大学的巽研究所提倡的住宅供给手法。此手法从 1970 年开始进行理论研究，于 1982 年大阪府住宅供给公社的泉北桃山台工程中第一次实际应用。1993 年10 月竣工的大阪市清水谷的 NEXT 21 是二阶段供给方式的最早期的例子。二阶段供给将住宅分为支撑体和填充体两个部分，并分成两个阶段供给（图 1-12），目的在于解决以往住宅产品中实际户型功能与使用者需求不匹配的问题。二阶段供给中的第一阶段提供的支撑体是基础的、公共的、耐久

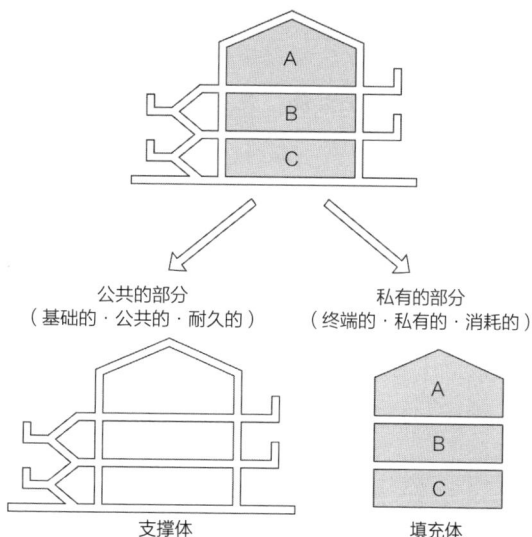

公共的部分
（基础的·公共的·耐久的）

私有的部分
（终端的·私有的·消耗的）

支撑体

填充体

图 1-12　二阶段供给方式

的，是由政府或公共机构来建设、供给和管理。第二阶段供给的填充体是终端的、私有的、消耗的，属于个性化的内装部分，由民间市场或者居住者自身来进行构建。这个理念在当时需要供给全装修住宅的现行法规下，是一个无法实现的理想型提案，但它从供给、建设、设计层面提出了一整套较为完整的理论框架[9]。

2. Free Plan 租赁住宅

"Free Plan 租赁住宅"是住宅·都市整备公团试行的支撑体租赁住宅（图 1-13），它是公团出租支撑体（包括土地、屋外附带设施），入住者自行购买填充体（包括内隔断、设备部品等）的一种"支撑体租赁＋填充体出售"的供给方式[10]。采用该方式的住宅项目包括光丘（公园）团地（1986年）、大阪高见花城住宅区（Takami Floral Town，1989年）、多摩新城（1989年）等。Free Plan 租赁住宅通过提高内隔断、设施等部品的可变性来应对以往租赁住宅布局无法改动的问题，并且以低廉的价格来实现[11]。Free Plan租赁住宅注重住户的参与性，这一点在很大程度上受到了前面所述的"二阶段供给方式"的影响。可以说Free Plan租赁住宅是二阶段供给方式理念下的进一步实施[12]。

3. 合作式（cooperative）住宅

合作式住宅是由居住目标相对一致的人们自发形成一个组织或团体，以内部合作的方式共同建造自己理想家园的一种类型。这种类型不仅可以实现设计的高度自由，还可以创建个性化户型空间。在整个流程中，住户可以深度参与其中，能够充分地传达住户的意图。因此，相比住户只能决定填充体的二阶段供给方式和Free Plan租赁住宅而言，合作式住宅更具有灵活性与多样性。另外在设计过程的长期交流中，住户还可以消除入住后邻里间的陌生感与不安。但是这种模式也存在一些问题，如无法快速决策导致建造过程耗时长、建筑形式过于复杂、使用后难以转售等[13]。

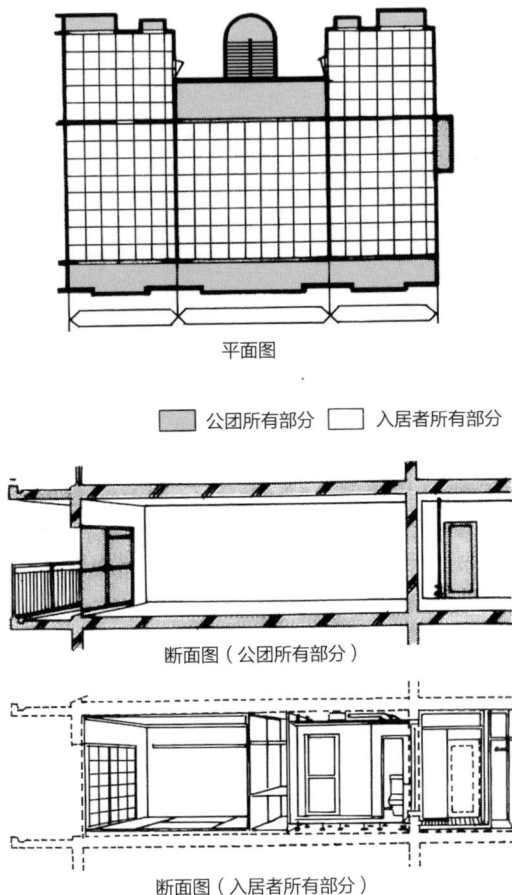

平面图

公团所有部分　　入居者所有部分

断面图（公团所有部分）

断面图（入居者所有部分）

图1-13　Free Plan租凭住宅概念图

第四阶段：再生时期

1970 年代供家庭娱乐的家电产品开始增多，住宅面积不断增加，这一现象导致早期以核心家庭最低面积标准建设的住宅不再适用，这也是日本早期建设的集合住宅平均寿命不足 30 年的主要原因之一。从 2018 年统计的各时期住宅库存占比来看，1970 年之前建造的住宅所剩无几，其占比不足总库存量的 10%（图 1-14）。1991 年泡沫经济破灭之后，国民收入和出生率持续走低（图 1-15），人们对大空间的欲望不高，2000 年后每户平均户型面积也开始下降（图 1-16）。这意味着，住宅建设结束了因空间狭小而拆除重建的时代，迎来了利用存量资源，减少废弃物的"既有建筑再生"时代。

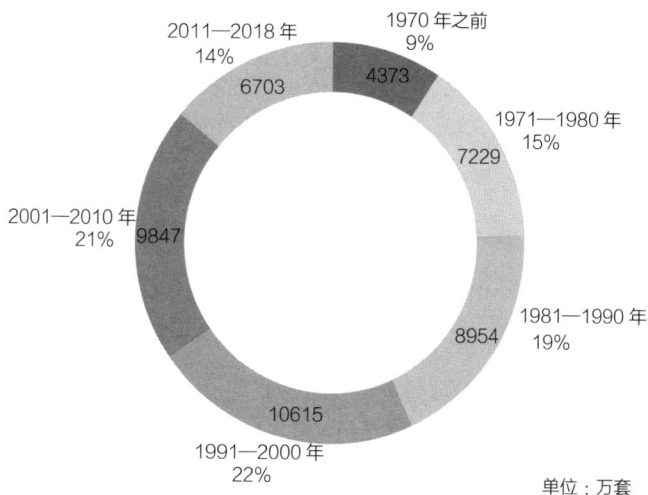

2011—2018 年 14% 6703
1970 年之前 9% 4373
1971—1980 年 15% 7229
2001—2010 年 21% 9847
1981—1990 年 19% 8954
1991—2000 年 22% 10615

单位：万套

图 1-14 2018 年统计的不同建设时期的库存住宅构成

人口数 / 万人   出生率 /%

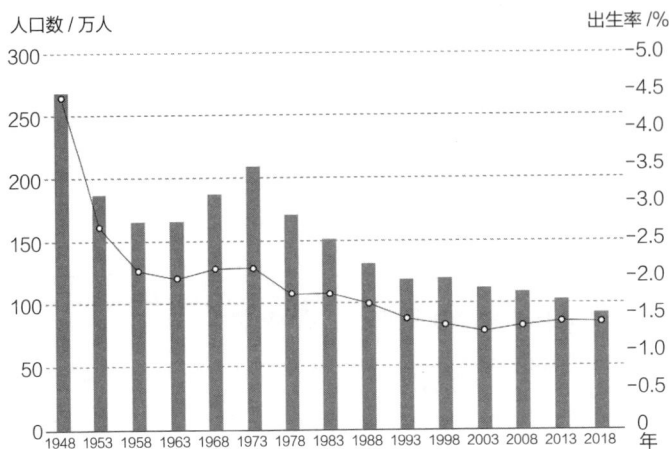

图 1-15   1948—2018 年人口出生率变化

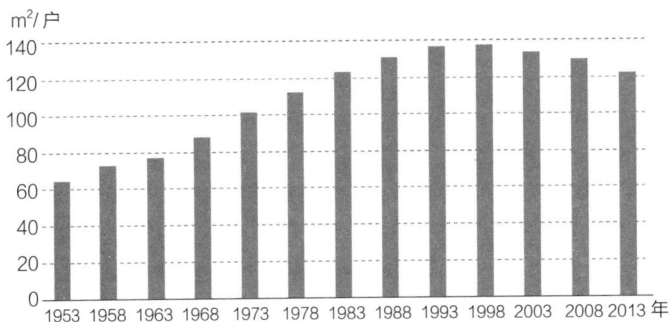

m²/ 户

图 1-16   新建住宅平均户型面积的推移

促进住宅再生的相关举措

    1991 年日本政府制定了第六期住宅建设五年计划，计划提出未来将要构筑适应高龄化社会和有助于地域活力再生的良好居住环境。1999 年住宅·都市整备公团经过改组成立了都市基盘整备公团，将业务重点从"供给大量住宅用地以改善住宅情况"转移到"建设和改造城市基础以实现健康文明的城市生活和富有机能的城市活动"，并停止了大量的郊区团地住宅供应，开始了存量资源的可持续利用。2004 年都市基盘整备公团更名为独立行政法人——都市再生机构，着手开展住宅改造实验，探讨涉及技术、成本等多个维度的有效途径。2008 年 12 月 5 日，日本政府提出了《长期优良住宅普及促进法》，并于 2009 年 6 月 4 日开始施行，致力于推广低碳可持续的长期优良住宅。

基于开放住宅理念的 SI 住宅体系研发

1. SI 住宅体系

SI 住宅是能够长期使用的集合住宅，主要分为"S"支撑体和"I"填充体两个部分：S（skeleton——支撑）具有支撑和骨架的意思，是住宅长久不易更换的具有公共性质的部分，一般采用可持续耐久的构造体系；I（infill——填充）是填充的意思，是不同住户可以改变，反映住户生活情趣的部分，填充体采用更易改变户型布局的设备和部品体系。

住宅公团在 SI 住宅的成果基础上，在 1998 年研发了具有高耐久支撑体和可变填充体的新型公团开放住宅——KSI（Kodan Skeleton Infill）住宅实验栋（图 1-17），进行了包括建筑主体长寿命化、横梁省略化以及部品体系化等一系列研究。

KSI 住宅实验栋建成之后，日本开始在全国范围内推广 SI 住宅的理念与方法，并取得了良好的成效。SI 的理念不仅应用在很多新建项目中，还在既有住宅的再生中得到了推广。

2. 综合技术开发项目

1996 年日本建设省开始了综合技术开发项目，其是 SI 和 KSI 住宅多年研究成果的集成。项目包括以长期耐用化为

infill / 填充体
• 可根据用户的生活方式和不
  同时期的需求进行改变

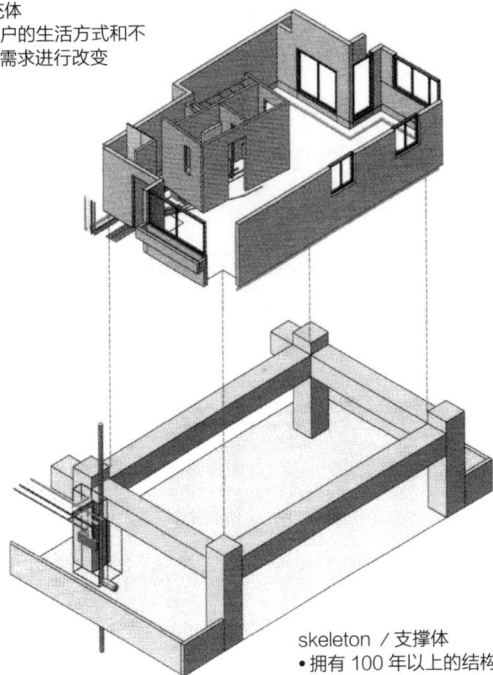

skeleton / 支撑体
• 拥有 100 年以上的结构耐久性
• 室内填充体容易进行改变的梁
  柱楼板结构

图 1-17　KSI 住宅实验栋概念图

目的的长寿命住宅开发（基于 SI 住宅的开发）以及面向既
有住区的再生技术开发。其中，长寿命住宅开发试图打破因
建筑造价上涨而导致 SI 住宅难以普及的现状，制定了建造
时可自由设计和在使用时方便改造的相关政策制度，并开发
了支撑体租赁住宅方式，取得了瞩目的成果。

　　日本集合住宅不同发展阶段中的相关政策与技术研发请
见表 1-1。

在不同发展阶段中的相关政策与技术研发　　　　表 1-1

时期	集合住宅萌芽时期（1920—1945 年）		大量供给时期（1946—1973 年）	多样化探索时期（1974—1991 年）	再生时期（1992 年至今）
	1920—1940 年	1941—1945 年			
经济背景	·完成工业革命 ·世界经济危机	·全部经济力量为战争服务	·经济的高速成长期（平均 GDP 9.1%） ·第一次石油危机（1973 年）	·经济的稳定成长期（平均 GDP 4.2%） ·第二次石油危机（1979 年） ·泡沫经济的破灭（1991 年）	·经济的低成长期（平均 GDP 0.8%）
社会背景	·关东大地震（1923 年） ·引入混凝土材料 ·引入欧洲集合住宅模式	·工厂劳动者聚集到大城市近郊 ·同润会并没有满足当时的住宅需求量	·战后 420 万套住宅缺口 ·由于住宅营团业务转向军需产业，未能达到预期建设量	·住宅数量超过家庭数量 ·居住面积持续上升 ·新的纲领——从数量到质量 ·标准化设计无法满足趋于多样的住户需求	·阪神大地震（1995 年） ·住宅空置率持续增加 ·国民价值观、生活方式、家族形态的改变引发住户的需求提高，且需求多样 ·少子化、老龄化
政策措施	·设立灾后复兴基金		·制定国库补助政策与新建住宅设计标准 ·公营住宅法（1951 年） ·第一期住宅建设五年计划："一户家庭一套住宅"（1966 年） ·第二期住宅建设五年计划："一人一室"（1971 年）	·制定优良住宅部品认定制度（1973 年） ·住宅部品的开放化研究（KEP）——SI 住宅的先驱 ·标准设计的废止（1978 年） ·第三期住宅建设五年计划：优良住宅的确保（1976 年） ·第四期住宅建设五年计划：形成优质既有住宅以及优良的居住环境（1981 年）	·公营租赁住宅综合再生事业（1992 年） ·第六期住宅建设五年计划：适应于老龄化社会和有助于地域活性化的良好居住环境的形成（1991 年） ·第七期住宅建设五年计划：有助于实现长寿命社会和地域活性化的良好居住环境的整备（1996 年）
公共机构	·设立同润会	·设立住宅营团	·设立公营住宅（1950 年） ·设立住宅金融公库（1955 年） ·设立住宅公团（1956 年）	·设立住宅·都市整备公团（1981—1999 年）	·成立都市基盘整备公团（1999—2004 年） ·设立独立行政法人——都市再生机构（2004 年）

时期	集合住宅萌芽时期（1920—1945 年）		大量供给时期（1946—1973 年）	多样化探索时期（1974—1991 年）	再生时期（1992 年至今）
	1920—1940 年	1941—1945 年			
技术研发	—	—	·Tilt-Up 工法 ·SPH（1970 年）	·KEP（1974—1980 年） ·NPS（1975 年） ·CHS（1980 年） ·中高层住宅	·SI 住宅体系 ·KSI 住宅实验栋 ·综合技术开发项目（长期优良型集合住宅的开发）
供给方式	—	—	—	·二阶段供给方式 ·Free Plan 租赁住宅 ·合作式住宅	—
成果	·探索了日本集合住宅模式	·倡导提高住宅供给效率，奠定了战后住宅大量供给的基础	·形成为大量供给服务的三驾马车：公营、公库、公团 ·提倡标准化设计 ·探索基于标准化设计的工业建造方式	·追求住宅平面可变性 ·大力发展住宅工业化	·追求住宅长期耐久、可持续使用

第二章
住区形态

　　所谓集合住宅住区设计是连接"居住单元"和"街道"的"居住单元周围"空间的设计。高密度是日本住区设计的典型特征之一，日本在住区的高密度发展初期，呈现出高层化现象，但经过长时间摸索，重新认识到了西欧文艺复兴时期，在住区内外空间领域的一致性认知下对城市规划及街道整顿的重要性，并引入西欧街道美学[14]，参考欧美城市设计规则，为城市提供了从街区到户型多层级综合品质的外街围合连续、内街丰富多样的高密度街区化住区建筑形态[15]54。下文将从不同历史阶段阐述高密度住区的发展历程。

1920 年代欧美街区型高密度住区模式的引进

　　日本最早的高密度住区可追溯到战前参考欧美多层街区型住区建设的同润会住宅。1923 年关东大地震之后，面对13700 户失去住所的家庭的居住问题，1924 年 5 月财团法人设立了以城市规划师和建筑师为核心成员的公共住宅供给组织"同润会"，同时设立灾后复兴基金，着手建造能够抗震和耐火的高强度钢筋混凝土结构住宅。这些新型住宅多数由当时欧美留学归国的建筑师设计，他们把欧美的围合式住区形式带到了日本，第一个建成的是 1926 年的中之乡共同住宅（图 2-1）。该住宅与日本传统两层的长屋相比提供了更高的层数和更多的居住单元，开创了日本高密度住区设计先河[16]。此后的同润会住宅一直延续围合布局和首层配套共享街区的理念，在内庭院种植大量植物，设置儿童游乐园、网球场，在建筑底层设置娱乐室、医院、食堂、日用品市场等便

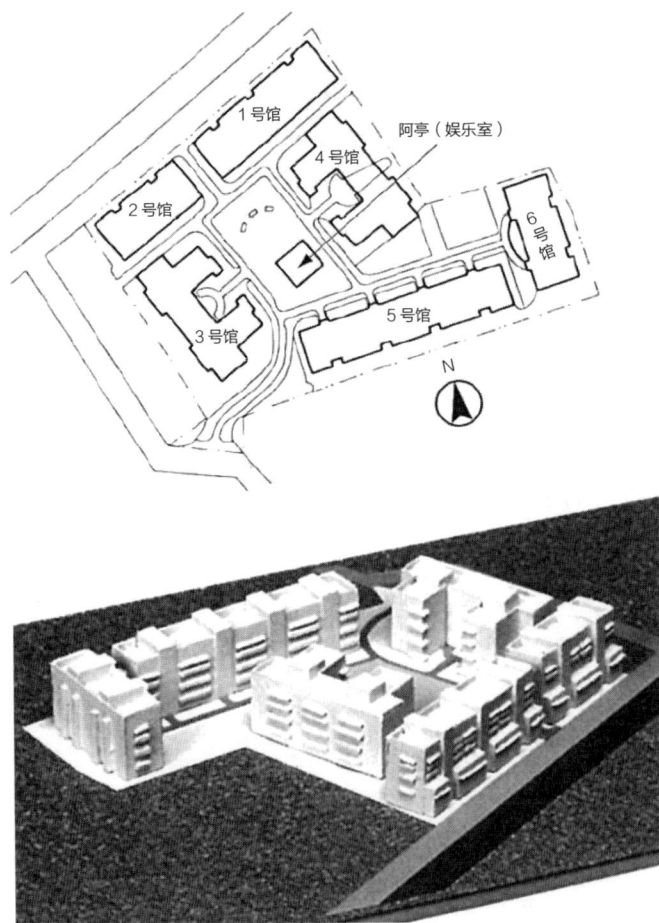

图 2-1　中之乡共同住宅（1926 年）

利性设施，一度成为日本人气最高的住区（图2-2）。目前这些住区大部分已拆除重建，虽然新建住区容积率更高，但仍然延续了最初的围合式空间特征和共享街区的理念（图2-3）。可见，能够唤起人们对空间认同和生活场景的住区形态，不管时代如何变迁，依然延续着它的生命力。

同润会住宅设计之初并没有注重日照条件，而是把更多精力放在了中庭和城市街景的塑造以及如何保护住户的隐私[17]之中。从柳岛共同住宅（图2-4）中可以看出，围合布局中不管哪个朝向都将主卧室面向安静的中庭，而厨房、卫生间则布置在道路一侧。这种围合布局形式还在平沼·三下町等其他集合住宅中相继出现。然而同润会到了后期，围合布局中的户型主朝向不再执迷于景观和私密性，而是追求更多的日照（图2-5）。这是因为人们慢慢意识到没有供暖设施的公共住宅中，日照成为取暖和杀菌不可替代的重要因素。

图2-2　同润会江户川共同住宅（1934年）

图 2-3　ATLAS 同润会江户川公寓——同润会江户川共同住宅的重建项目（2005 年）

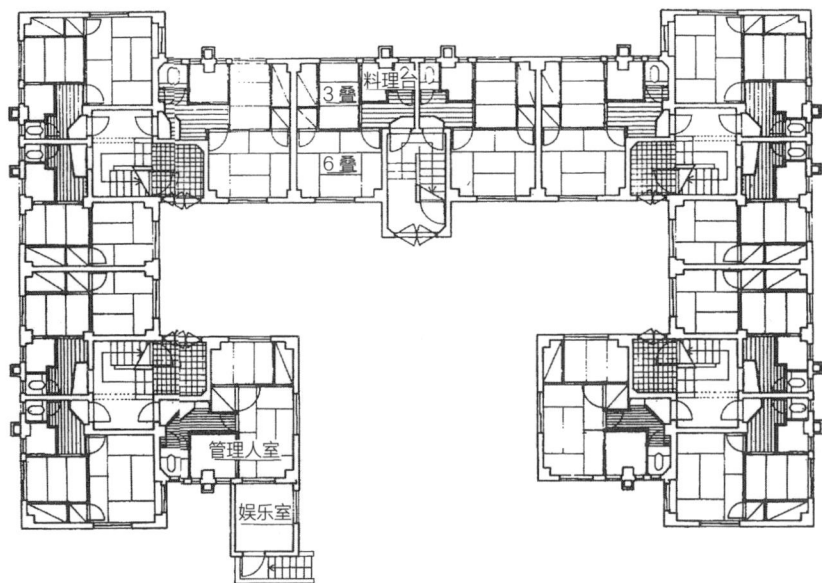

图 2-4　柳岛共同住宅平面图（1925 年）

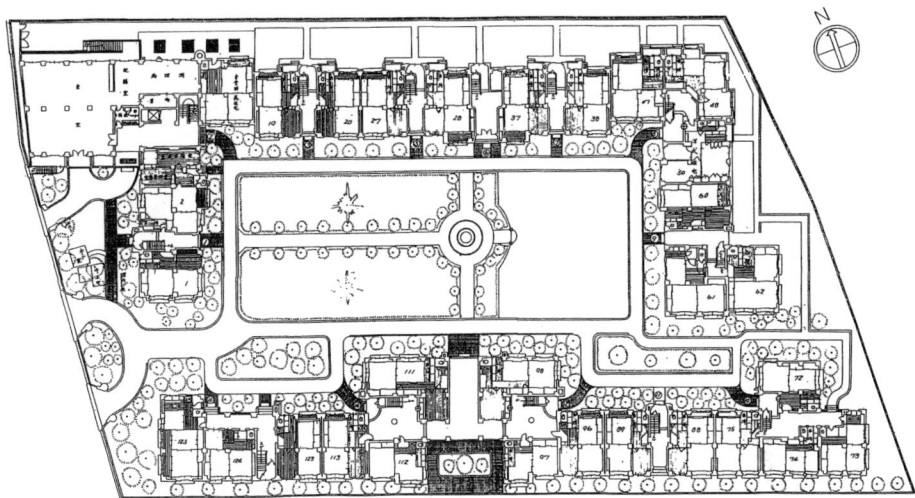

图 2-5　同润会江户川共同住宅平面图（1934 年）

1940 年代行列式住区的出现

　　1941 年住宅营团成立（1941—1946 年），同润会并入其中。住宅营团接管了很多同润会的事务，但未能延续街区型住区设计理念。战争时期，社会资源全面倒向军需产业，住宅本体质量不高设施不健全，尤其缺乏取暖等舒适性配置，人们只能通过阳光来干燥房间、晾晒衣物、杀死霉菌[18]。因此，日照成了当时住区设计中的重要影响因素。1941 年 3 月，厚生省住宅规格协议会制定了设计基准法则，第一次规定了作为住宅营团住区设计的通用日照标准——冬至日需要满足 6 小时日照时间（图 2-6）[19]，这一规定在很大程度上决定了住宅设计从同润会的街区型围合式高密度布局向注重日照的低密度行列式布局的转变（图 2-7、图 2-8）。

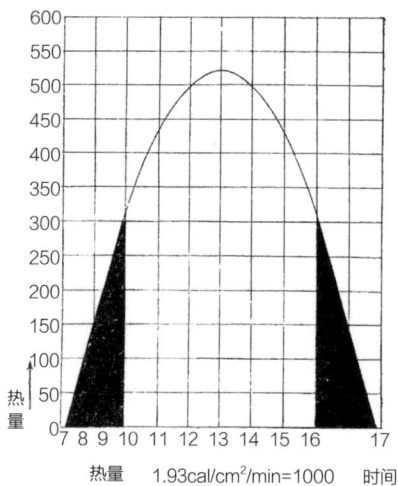

图 2-6　冬至日西南面的受热量

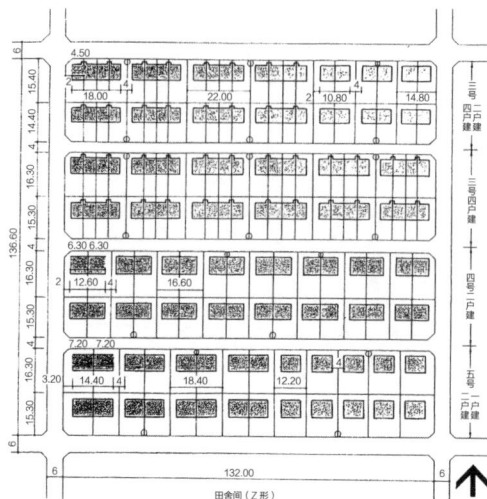

图 2-7　住宅营团标准住宅配置图（单位：m）

图 2-8　住宅营团实景

大量供给时期基于行列式的住区建筑形态发展

楼间距控制与行列式布局

"二战"结束后，日本进入了战后复苏阶段。为了快速解决住房困难，日本成立住宅公团，以标准化设计快速建造大量住宅。公团在住区规划设计中借鉴了1920年代德

根据冬至日日照时间的建筑间距控制要求

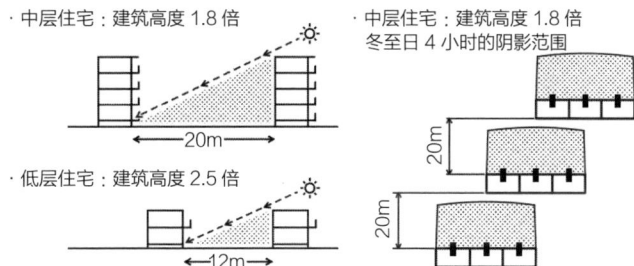

·中层住宅：建筑高度 1.8 倍

·中层住宅：建筑高度 1.8 倍
冬至日 4 小时的阴影范围

·低层住宅：建筑高度 2.5 倍

图 2-9　日本日照间距规定（1955 年）

国开始出现的理性主义规划理念，住宅高度控制在 4 至 5 层，将标准化的住栋面向太阳等间距排布，强调了作为空间样式的现代主义 [20]。公团的规划布局延续了住宅营团时期的日照规范，但考虑到更密集的排布，将日照规范由冬至日 6 小时降低到了 4 小时（日照有效时间段为上午 8 时到 16 时），并提出了相应的最小建筑间距控制要求（1955 年）（图 2-9），规划过程中尽量削平地貌的起伏，砍掉原有古树，形成平整、均质的行列式大型社区（图 2-10）。这种摊大饼式的开发模式在给水排水、煤气管道的敷设方面也体现出了较高的经济性，不同程度地反映了极致追求公平和效率的时代特征 [21]32。

　　这种平等和公平，其结果是产生了不限于整个环境的开放性，建筑物周围形成的开放空间留下了"属于任何人的同时不属于任何人"的归属不明的悖论，"你可以自由地去任何地方，凡事都是一样的"。由此可见，均质的外部空间给人们带来风景的丧失感，也就是说，外部空间与建筑之间没有语义的结构性，这无非是近代建筑的另一个教义，"独立的单体建筑"及其集合的形式。这种与生俱来的特质即使在

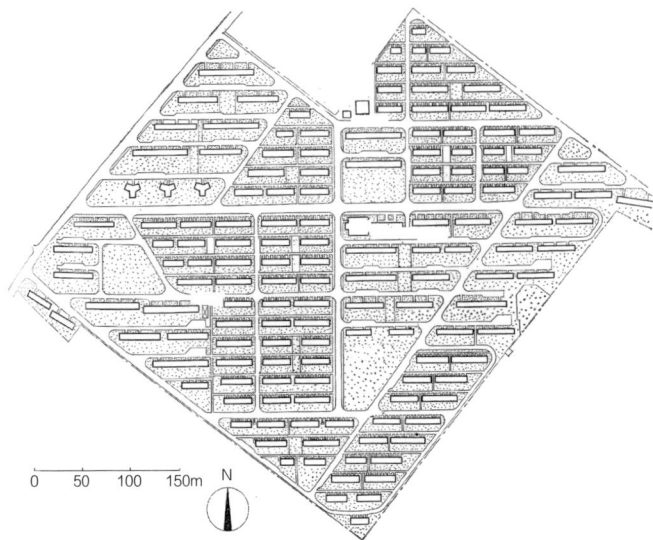

图 2-10　上野台团地总平面图

今天通过许多努力去改善，然而在正在发生变化的综合体计划中，依然存在着某种无法抹去的东西 [22]。

行列式的反思与多样化布局尝试

由于过度均质的空间特性，行列式住区设计被人们认为不重视交流或者称其为"冷漠派""物理机能派""日照派"，并将人们多样的人间样态一刀切地归为一种形式 [23]。同时，随着时间推移，出现了因树木生长速度不同而造成的日照差异；尽端户型可以侧面采光，顶层户型日照、视野较好，但保温性能较差。人们慢慢意识到无法避免户型之间的品质差异，与此同时，社会各界也开始批评行列式布局带来的单一空间感受。在此背景下，日本提出了"将住区的美观和住宅的私密性相互有机配置"和"住栋偏向45°同样良好"的宣言[24]，全国上下寻求新的布局尝试。具体方法上，在确保住户隐私和有效日照的前提下，尊重原有地形和风貌，杜绝了均好性先导的削山填谷；通过部分住栋的角度旋转，形成相对私密的半围合花园（图 2-11）。另外还出现了以 45° 的主要道路作为轴线网格，住栋则沿着网格构成围合布局的"几何学派"。这些新的尝试使住区空间更加丰富、内聚和紧凑，并且将容积率提升到了 1.4 倍左右（图 2-12、图 2-13）。

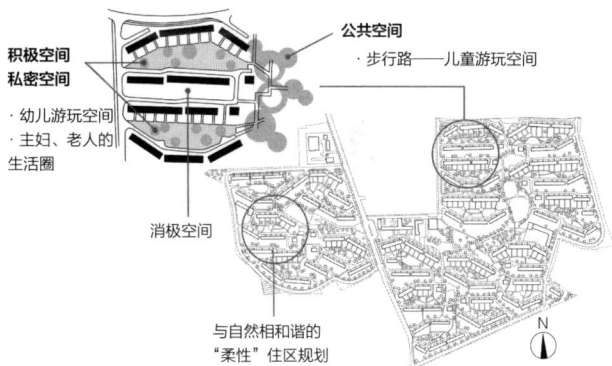

图 2-11　西上尾第一团地总平面图

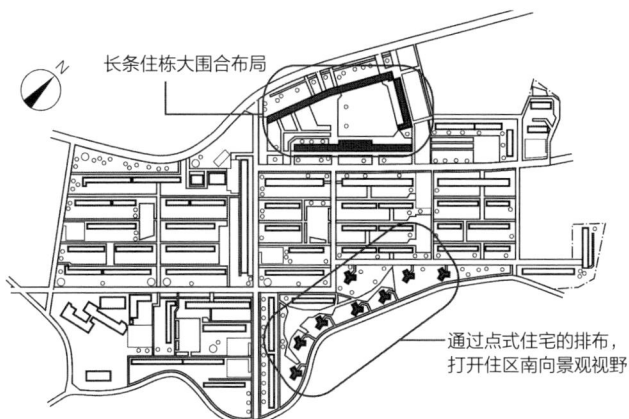

图 2-12　赤羽台团地总平面图

图 2-13 赤羽台团地航拍

　　在多样化布局的尝试中，还有一种规划理念是以人车分流为主线，结合场地环境和生活特征，将点式和板式住宅组团相对独立分区，在点式组团中设置人行系统和绿地，形成视野开阔、自然丰富的步行系统，这一类的住区被称之为"幸福派"，代表住区有花见川、千草台、千里青山台、千里津云台等。其中千里青山台团地坐落在近 20m 高差的山坡中，在行列式为主的整体规划中加入两条点式住宅景观带，结合步行廊道形成高低错落的丘陵景观住区环境（图 2-14、图 2-15）。

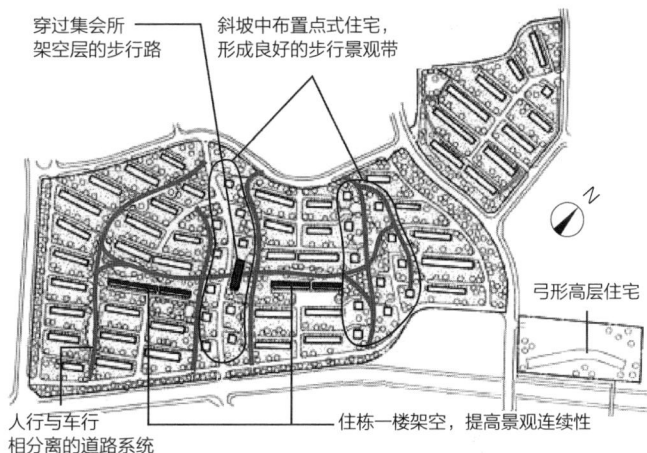

穿过集会所
架空层的步行路

斜坡中布置点式住宅，
形成良好的步行景观带

弓形高层住宅

人行与车行
相分离的道路系统

住栋一楼架空，提高景观连续性

图 2-14 千里青山台团地总平面图

图 2-15 千里青山台团地航拍

高层化与大型开放空间

　　到了 1960 年代末，建设用地开始紧张，住区容积率不断提高，住区高度也从多层向高层发展。为了确保高层建筑之间大型外部空间环境的品质，住区形态延续了此前多层住区中的多样化布局尝试。如奈良北团地（图2-16、图2-17），

高层住栋围合而成的大型半围合景观空间

图 2-16　奈良北团地总平面图

图 2-17　奈良北团地航拍

通过住栋两端的 45° 偏转，获得了特有的大型半围合空间，再结合中小尺度的景观配置，形成了多层次、多功能的围合型户外交流场所，而这种大型开放空间类型也成了日后高层住区空间设计的重要参考。

　　进入 1970 年代，随着城市规模的扩大导致通勤压力增加，人们开始追求交通更加便利的城市中心住宅，这也促使日本公团的建设从郊外摊大饼式的低密度住区向城市中心高密度住区转变。此时一些位于市中心的工厂，因其排放有害物质无法达到日益严苛的市区环保要求，不得不向郊区撤离，其中 3 万 m² 以上的遗留空地被公团收购并开发。此外，公团还积极租用或购买多个相邻土地整合成大型开发用地进行开发。面对高昂的土地获取成本，1976 年日本针对市区住宅建设降低了日照标准 [25]，由原来的 4 小时降低为 2 小时 ①，随后日本出现了满足 2 小时最低日照时间的以内走廊、东西

① 公团 1976 年的新日照标准为："建在旧市区的住宅日照时间为 2~4 小时，城市近郊住宅为 3~4 小时，郊区为 4~5 小时，日照时间以冬至日 9~15 时的时段为测定标准。"

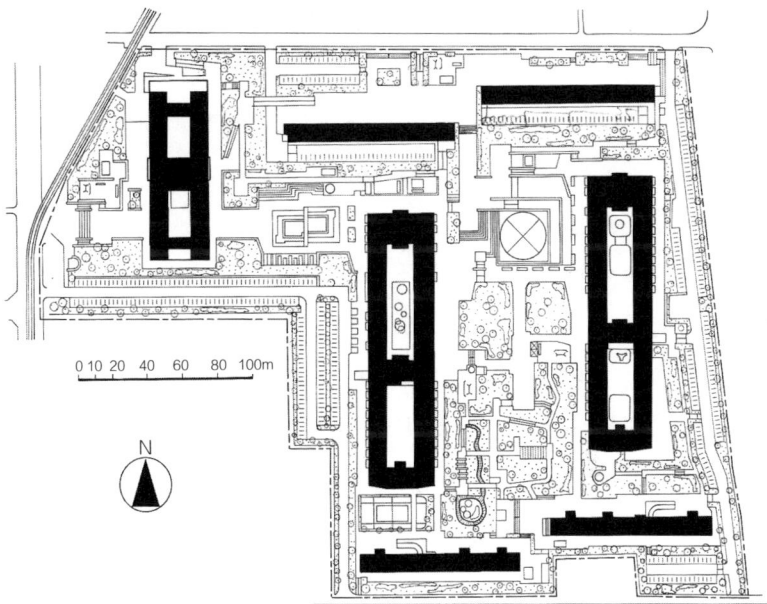

图 2-18　大岛四丁目团地总平面图

0 10 20　40　60　80 100m

N

图 2-19　大岛四丁目团地航拍

向高层住宅为主的"面开发"住区，容积率达到 2.0（图 2-18、图 2-19）。"面开发"都市型住区以大面积开发为特点，在住区内部形成大型户外空间，用于城市应急防灾，提升城市安全韧性。但沿街和内部矗立的巨大高层体量，与周边中小尺度的多层建筑产生强烈反差，人们开始反思"面开发"模式对城市风貌和居住环境带来的不利影响。

多样化探索时期注重内街品质的围合型住区

进入 1970 年代中期，日本住宅数量超过家庭数量，这意味着大量供给阶段基本告一段落。此外，人们对城市中心居住意愿的不断加强，以及郊区住区的"高、远、狭"（租金高、市区远、户型小）问题突出，郊区开始出现大量空置住宅。面对这一情况，公团不得不重新审视已建或在建的所有项目，采取了租赁转售卖、2 户并 1 户、空地加住栋等补救措施，甚至叫停并重新设计无法通过补救措施提升产品力的在建项目。经过一系列整改后，公团内部也意识到住宅供给从"量"到"质"的转变是大势所趋。随后，公团做出了自成立以来最大的业务方向调整，即从面向核心家庭[①]的标准化系列化住宅建设，转变为面向不同地域、不同住户需求的多样化精细化住宅供给[26]138。同时，日本取消了日照规范，取而代之的是"日照阴影"规定[27]。这些相关政策的变化，为日本住区向高密度、多样化发展提供了新的动力。

① 日本将一对夫妇和两个子女作为标准的核心家庭。

重塑内环境空间品质的多层高密度住区

公团以往开发的住区内环境通常是以大型开放空间为主，很难吸引希望拥有专属户外空间的高端用户。因此，日本参考欧美联排住宅，开发出了以三层两户为基本单元，每户拥有私人庭院空间和独立出入口的接地型住宅。基本单元还可以排列出一个相对独立的组团环境，最终实现拥有"户型—私人庭院—组团环境"空间序列的多层高密度诹访联排住区（图 2-20、图 2-21）。此类住区一经投入，便受到住户的欢迎[28]。如诹访联排住区，虽然它的租赁价格很高，但是

图 2-20　诹访联排住区总平面图

图 2-21　诹访联排住区航拍

图 2-22　横滨薄野（Susukino）第三团地

申请率达到了惊人的 60∶1。

联排住宅土地开发强度不高，基于这一点，公团面对市中心的小地块建设时，采用了以新型大进深户型为主的多层高密度住区（图 2-22），大进深户型是将卫生间和厨房设置在户型内部，客厅和卧室布置在两端，在此基础上内部加入采光庭，改善功能

---

① 吹拔，日本常见住宅空间，指 1 层以上室内空间通高的区域，国内多称为中庭。

空间的采光与通风；另一种则是将东西向大进深住栋，通过
每个户型的角度旋转形成锯齿状排布，获得更多的采光面。
此类多层高密度住区设计兼顾了内外空间品质和开发效益，
不仅在公团，还在随后出现的很多商品住宅中广泛使用。

多层、高层混搭型住区模式

进入 1980 年代，日本通过大量的填海造地，获得了大
量的开发用地。但基于"面开发"的反思，日本选择了一
种折中的方法，即多层和高层相结合的围合型高密度住区
（图 2-23、图 2-24）。此类住区的特点在于多层住宅以相互
垂直的方式布置在住区内部，并将步行路线贯穿其中，营造

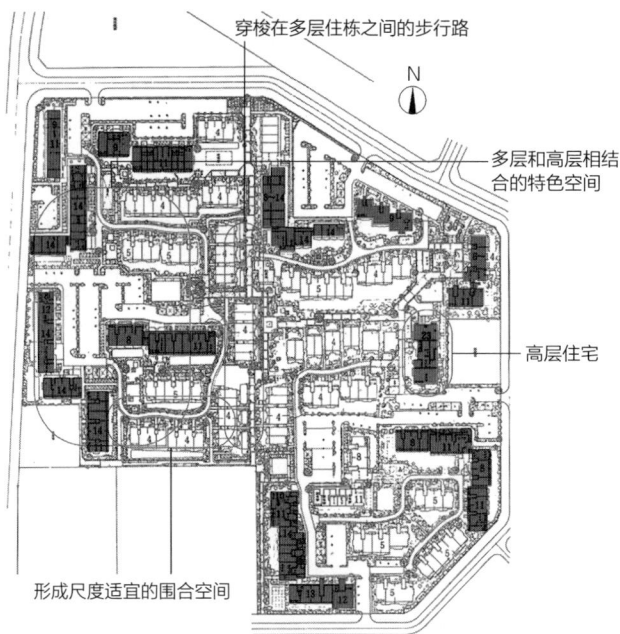

图 2-23　葛西中城总平面图

图 2-24　葛西中城航拍

人与建筑互动的宜人空间环境。高层住宅则更多担负着提高容积率和隔绝外部噪声的使命，一般沿着外街连续布置，减少对内部环境的压迫，同时也为高层住户提供更好的景观视野。这种不同高度住宅的有机组合，打破了以往高层住区内环境的单调和冰冷，带来了更多的人性化和温暖。

再生时期基于街道综合品质的高密度住区

　　1970 年代开始的住区品质提升设计，主要集中在住区内环境的多样化与人性化、单体建筑的长寿命化等方面，而针对住区街道空间设计进展较少 [15]55。此外，日本的土地大多由开发商或民间企业所有，片区内的场地和道路所有权无法统一，总体规划的效力没有得到充分发挥 [29]，其结果是虽然建筑物性能不断提升，但街道的场所空间质量却持续恶化。基于此，日本极力探索以街道空间为主导的街区化综合品质的提升方法。

面向街区界面统一与活力再现的总建筑师制模式

进入存量时代,街区空间活力的营造对住区认可和资产保值起到了非常重要的作用[15]56。因此,在城市规模上进行开发时,有必要对界面、配套、住栋等要素作整体把控。日本从欧美引入了总建筑师和协调建筑师制,鼓励地区管理部门与建筑师共同编制更有针对性的城市设计导则,内容主要包括建筑退线和高度控制、建筑布局形态、公共配套和景观要素的配置等。日本福冈市香椎地区的超级新街区(Nexus World)(1991 年)(图 2-25、图 2-26)是由矶崎新作为总建筑师,雷姆·库哈斯、斯蒂文·霍尔等六位建筑师作为协调建筑师进行设计的典型街区型住区。矶崎新起草了给其他协调建筑师很大自由的实验性的总图布局与准则。他们共同达成了通过控制沿街建筑的高度及街墙轮廓,来维护街道空间连贯性和统一感的原则,创造出了个性、舒适、多样的居住环境[30]。大面积整体开发的典型案例——幕张新都心(图 2-27),也采用了建筑师协调制。在幕张新都心规划前期,政府和建筑师共同建立了类似于欧美的城市设计导则,原则上每个地块的设计师都要遵循该导则,有些创意性设计虽然偏离城市设计导则,但只要是符合提升片区街区品质要求的提案,可以经过集体讨论后被采纳。这一设计模式保证了在总体规则之下的创新活力,使整个片区在均匀网格规划下创造出整齐连续,但不失个性的街区空间。

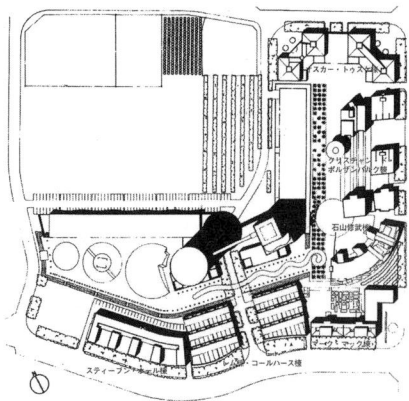

图 2-25　Nexus World 集合住宅总平面图

图 2-26　Nexus World 集合住宅航拍

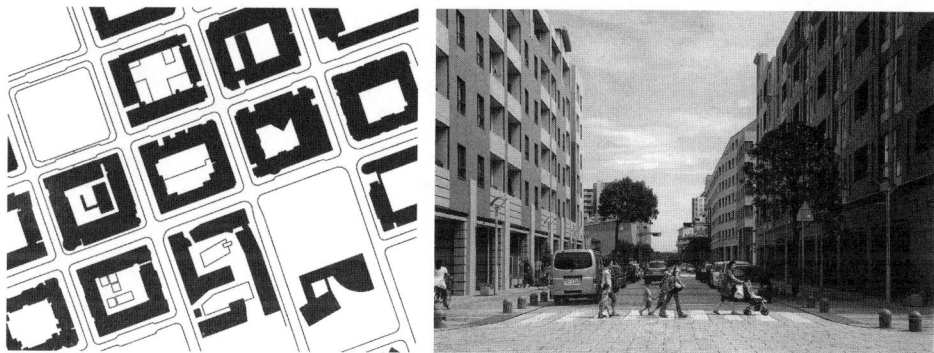

图 2-27　幕张新都心规划

　　1989 年的"幕张新都心住宅地事业计划"中提出了日本未曾有过的对标国际商务都市居住模式的 21 世纪城市型住区，以"住宅打造城市"作为开发理念，形成欧洲传统多层沿街围合的中庭型街区，不仅拥有与街道融为一体的公园和学校运动场等多种开放空间，而且由于众多设计师的参与，还出现了形态各异的建筑立面和内部庭院。建筑底层设置了许多商业设施，提升了片区机能和街区活力。当时这种多层街区型设计在日本未曾真正实施过，因此立项之初便遭到了很多反对，但敢于坚持采用这个方案，离不开当地政府和设计师对理想街区的坚定信念和不懈追求 [15]55。

　　上述多个建筑师协调的开发模式，因其更高的设计和建设费用，在泡沫经济破灭后实施案例逐步减少。然而，在泡沫经济破灭 10 多年后，因其不可替代的优势，重新出现在需要混合多种居住模式的东云公团（2003 年）开发之中。

　　泡沫经济破灭之后，日本集合住宅的开发有了很大的变化：在地理区位上，郊区开发逐渐被城市中心区开发所取代；在居住人群上，从单一的核心家庭向多样化居住主体转变，如单身、丁克、多人合租、老年住宅等[31]。东云公团（图 2-28）是 UR 都市机构开展的临海大型工厂遗址土地利用转换项目，目的是在城市中心区提供别于传统住宅的能够容纳各种居住和办公模式的新型复合高密度居住环境，在东云公团很多户型中都设置了工作场所，从根本上改变了传统住宅这一概念[32]。UR 都市机构委托隈研吾、伊东丰雄和山本理显等六位明星建筑师进行设计。在控规的既定要求上，建筑师与机构的

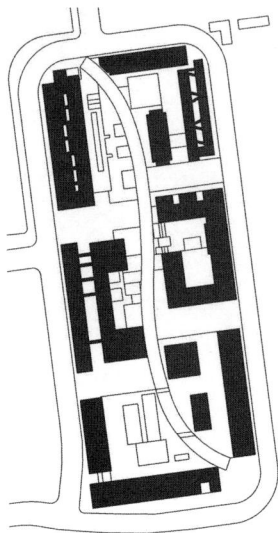

图 2-28 东云公团

成员多次召开"东云设计会议",围绕"实现新型生活形态"的主题,提出"居住与工作共存的空间、体现居住者个性的街区、居住着多元化家庭的街区、有魅力的商店林立的街道"等概念并进行了讨论,为了使这些意见和建议得到实施,大家制定了面向共同目标的概括性的设计导则,设计方案也尽可能灵活机动,各自的提案拿到"东云设计会议"上进行调整或补充,最后落实到项目中去。设计导则与其说是约束各个建筑师,不如说是引导各个团队协商的工具,在具体方案的协商和沟通中不断完善设计导则,使其整个设计更加高效,分工更加明确[33]B。在具体设计上,东云公团采用高容积率4.5,以外部连续的建筑体量界定出了几个街区和内部环境,设置S形街道将外部和街区连通,并且在建筑内部设置了多个挖空空间,减轻了建筑高密度布局带来的封闭感和压迫感;为了创造一个和谐的街景,通过牺牲部分户型的日照条件,将整体层数控制在了14层(图2-29)。而针对日照条件较差的户型,通过赋予大开间、开敞视野、专属阳台等额外价值的方式提升产品力,以匹配不同住户的需求。

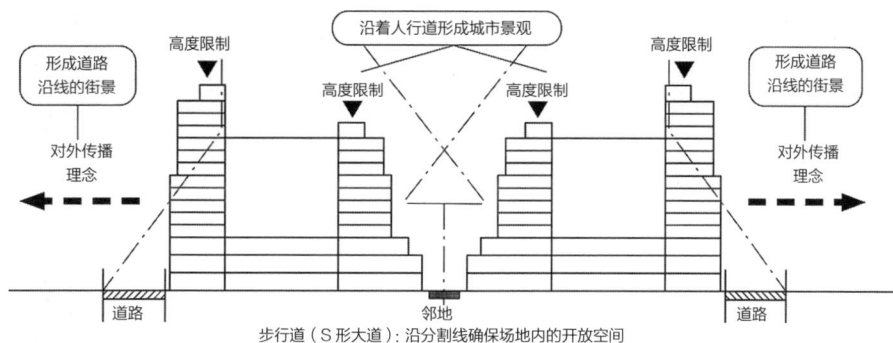

图 2-29　东云公团城市街景形成和开放空间保障的概念示意图

超高层住宅的产生及其围合化发展

进入 1990 年代，面对城市核心地段更高开发强度的需求，日本开始出现塔式高层住宅。这类住宅不仅拥有良好的景观视野，而且其占地面积较小，因此与大型商业、交通枢纽等复杂城市功能能够有效结合，以商住综合体形式在城市核心区和重要交通节点上出现较多（图 2-30）。但对于土地资源的高强度挖掘远不止停留在塔式超高层形态上，日本还通过超高层住宅的围合实现了容积率超过 10 的超高密度住区（图 2-31）。这类住区以点式楼栋为基本单元，沿着基地周边连续拼接，当遇到重要的视觉和季风通道时相互断开，留出较大开口，使整个住区呈现为半围合形态。另外还通过宽楼栋上下部分的架空或挖空处理，减轻了过宽的连续墙面对住区环境的影响[35]。超高层住区形式是城市核心区极端居住需求下的无奈之举，在后期的使用过程中，也产生了维护成本高、电梯等待时间长、坠物伤人等问题。但面对住区本身优越的区位环境、交通设施、物业管理、景观视野等优势条件下，逐步成了城市豪宅，其受欢迎程度甚至超过市中心的独栋住宅。

综上，日本集合住宅住区演变因素及住区类型与演进路径请见表 2-1 和图 2-32。

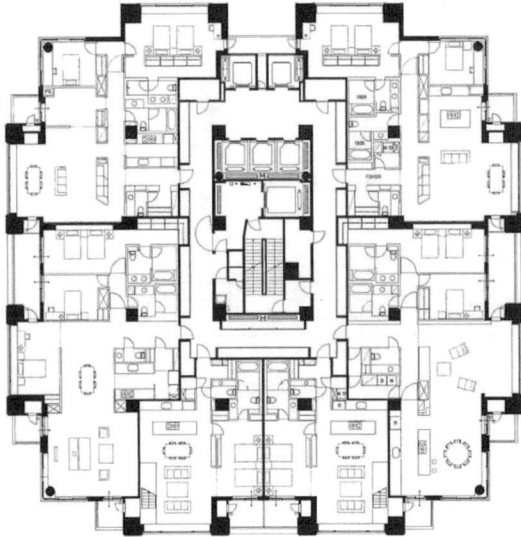

图 2-30 东京六本木希尔斯（Hills）住宅

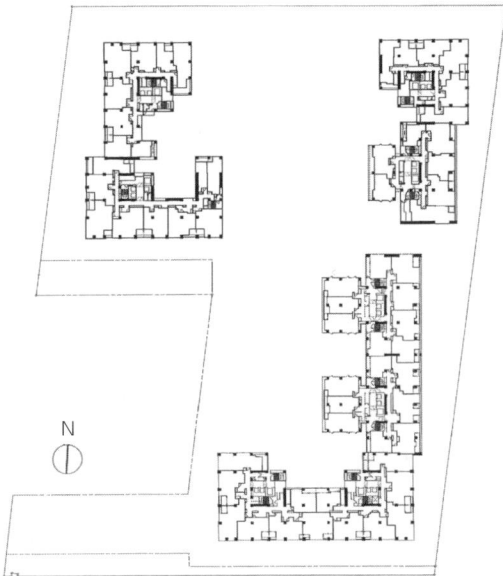

图 2-31 东京世界城市大厦（World City Towers）

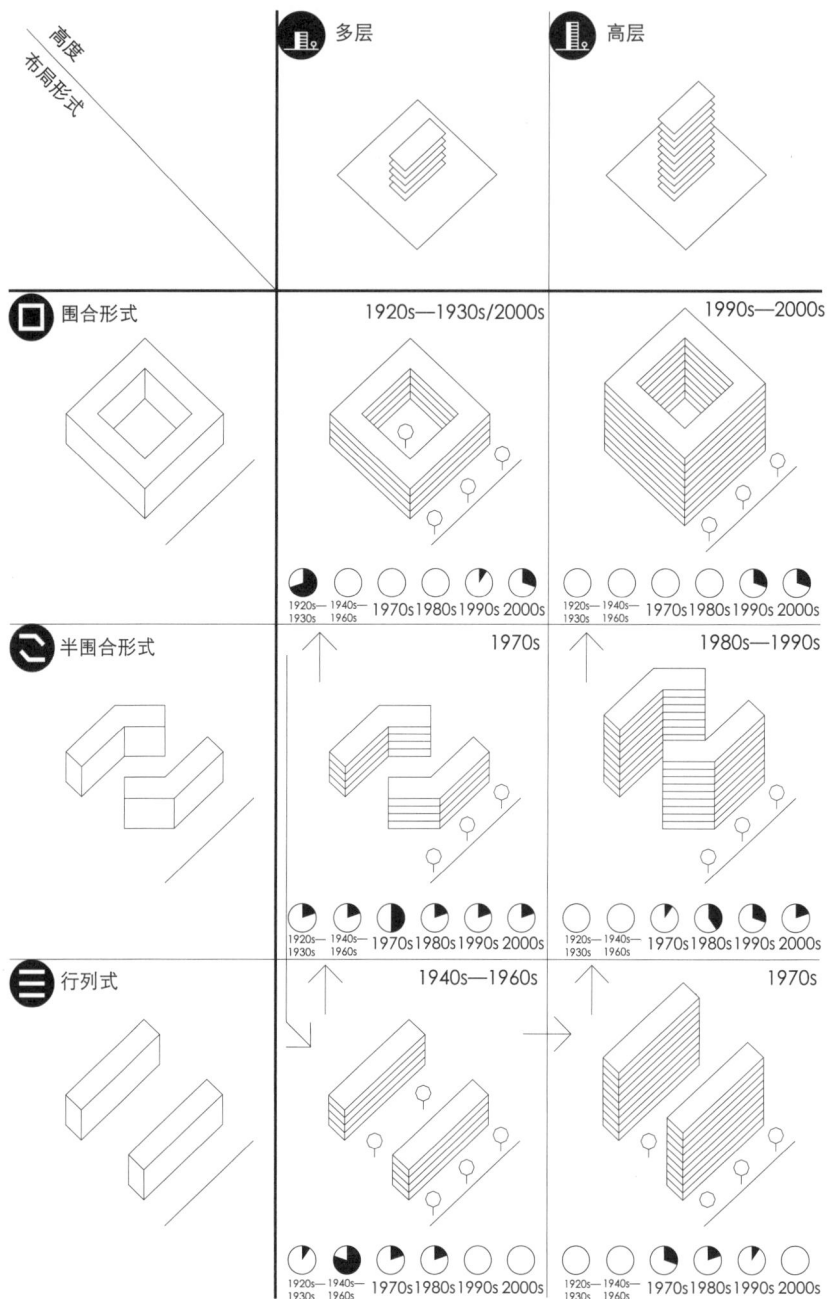

图2-32 日本集合住宅住区类型与演进路径

日本集合住宅住区演变影响因素 表 2-1

时期	集合住宅萌芽时期（1920—1945 年）	大量供给时期（1946—1973 年）		多样化探索时期（1974—1991 年）	再生时期（1992 年至今）
		战后复苏时期（1950 年代）	大量供给后期（1960—1973 年）		
社会背景	·引进集合住宅模式 ·海外留学人员开始陆续归国	·受战争的影响，人们的生活艰苦 ·低成本快速建造 ·没有采暖设备	·反思住区的单一性 ·快速的城市化进程 ·城市建设用地减少		·都心型住区的兴起 ·紧凑型城市建设
规划理念	·英国田园模式 ·注重沿街景观 ·注重住户私密性	·注重日照 ·体现平均主义	·形成有机丰富的室外空间		·欧洲沿街布局模式 ·注重沿街景观
日照规范	·无	·住宅标准日照时间需满足冬至日 6 个小时的日照，最低限为 4 个小时（1941 年） ·以"确保冬至日 4 小时日照时间"为最根本的原则之一（公团日照标准 1955 年）	·日影阴影规定（1978 年） 建在旧市区的住宅的日照时间为 2~4 小时，城市近郊住宅为 3~4 小时，郊外为 4~5 小时，以冬至日 9~15 时的时段为测定标准（公团日照标准 1976 年）		
价值取向	·私密性	·日照·私密性			·日照·景观·私密性·开放性
建筑高度	·多层	·多层	·多层、高层	·多层、高层	·多层、高层、超高层
布局形式	·围合式布局	·行列式布局	·半围合式布局		·围合式布局

第三章
生活模式与户型平面

户型是居住的最小载体，承载着不同的家庭结构和生活方式。日本进入近代产业社会以来，伴随着经济、社会的变革，家庭制度发生了深刻的变迁，导致家庭形态、家庭功能乃至家庭关系的重组、演化和再建。其中承载家庭居住生活的户型空间也发生了完整且连续的演变历程，从最早的传统"家制度"下的户型到近代化经济合理主义影响下的 nLKD 系列住宅，直到目前适应不同家庭结构和个性共生的情景化、专属化户型平面。

"家制度"影响下的 K 型平面

日本真正意义上的集合住宅户型平面，出现在 1923 年之后建造的以钢筋混凝土结构为主的同润会住宅中 [2]45。虽然新的居住空间使得一部分家庭从传统民家生活转向多层现代居住，但此时的日本家庭还保持着户主掌管子女结婚、就业等重大事务的具有经济生活共同体特征的封建"家制度"①。

"家制度"下的典型居住平面是日本传统民家以"襖"（和室房间用的门窗扇）分隔的一个"土间"（素土地面房间）和三个"座敷"（铺榻榻米的房间，统称为和室，用于接待来客）组成的无私密空间的"田"字形平面布局（图 3-1）。

① 日本传统"家制度"是以直系家庭与封建的家庭制度作为基础而形成的。这种家庭的特点是，户主拥有家族成员的结婚、就业等身份行为的统率权和家督的继承权，同时拥有抚养家庭的义务；另外，面向社会，是家庭的代表者。于是，家庭关系形成了以户主为第一位的金字塔形构造。在这种等级家庭构造下，产生了家庭成员的不对等关系，以及对个人尊严和自由的不重视等问题。

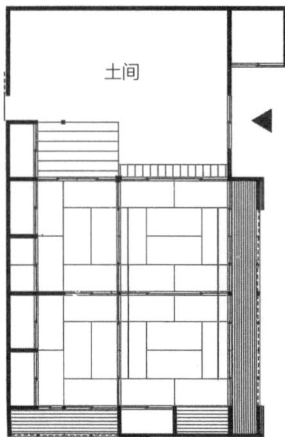

图 3-1 传统民家的"田"字形平面布局

当时同润会住宅的钢筋混凝土柱梁体系与日本传统木结构形式类似，因此传统民家的"田"字形平面顺利地被搬到了现代化集合住宅中，只不过以玄关、卫生间和厨房代替了传统土间，最终形成了带有厨房的 K 型住宅平面（图 3-2）（K 代表 kitchen）。这种平面，延续了日本传统"家制度"下的空间特点：私密性意识薄弱，整体布局偏向全家共同生活，缺乏个人专用空间；一个居室空间承担着不同的使用功能；可以通过调整移动隔扇，形成连续、开放的居住空间，适应日常生活和冠婚葬祭等活动。

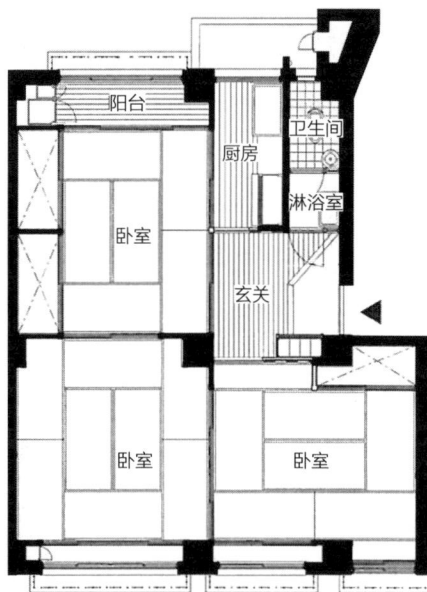

图 3-2 同润会 K 型平面

日本在集合住宅产生之初，便将传统开放居住空间与西方新型结构有效结合，创造了开放型现代居住理论与空间模式，并沿用至今。

基于"食寝分离"理论的 DK 型平面

DK 型平面是在 K 型平面原有厨房中增加"D"（代表 dining）就餐空间的餐厨一体化的户型类型，是日本传统 K 型住宅的发展与演化。DK 型平面不仅改变了日本家庭的传统生活方式，还提升了空间使用的整体效率，可以说 DK 型打破了严格的传统住宅观，以新的思维方式应对战后面临的新的家庭形态、功能和关系的变化，具有革命性的意义。它的出现可以分为 1951 年之前以 K 型住宅为基础的"食寝分离"理论探索、1951—1954 年的 DK 型确立，以及 1955 年以后的 DK 型通用化三个阶段。

"食寝分离"理念下的户型设计探索

1935—1945 年间，由于日本国内工业生产全面转向军需扩充，住宅建设受到了严重制约。在这期间，很多学者将目光转向了居住模式的基础性研究。以西山卯三为代表的研究者，对传统居住现状做了大量调查后发现，在传统田字形平面的几个榻榻米卧室中，就餐通常在其中一个相对固定的榻榻米房间内进行，因此，这个房间时常配有餐桌和就餐相关物品。当晚间睡觉时，无法有效收纳与就餐相关的物品，父母和子女拥挤到另一个房间休息，浪费了一间可供就寝的榻榻米房间[35]23。针对这一点，西山卯三提出了即使在很狭

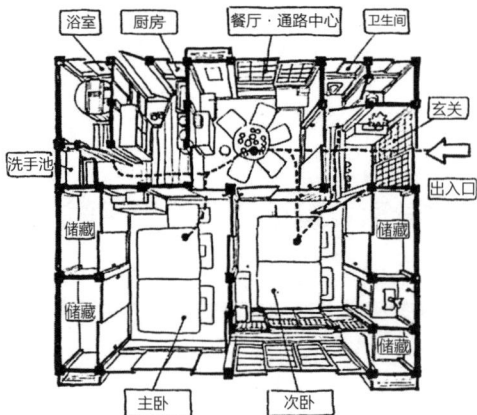

图 3-3　基于食寝分离理论的户型平面提案

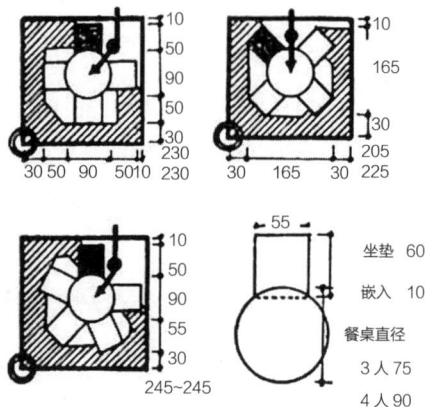

图 3-4　餐厅的最小尺寸（单位：cm）

小的住宅里也要进行就餐和就寝空间相互分离的"食寝分离"理论，并提出具有独立厨房和餐厅的户型提案（图 3-3、图 3-4），这个户型虽然没有合并厨房和餐厅，但具有 DK 户型的基本功能特征。

食寝分离提案中的餐厅采用日本传统席地而坐的就餐方式，将同润会时期的一个卧室改成餐厅兼通路中心，这种在狭小的平面中牺牲一间榻榻米空间来做专属餐厅的做法，在当时可谓是一个大胆的创新。因为人们习惯了榻榻米室所具有的多功能性，但从食寝分离的角度来看，专属餐厅的存在具有压倒性的意义，可以说食寝分离模式在保证居住质量方面发挥了重要作用[36]。

食寝分离理论在"二战"时期虽然没有得到真正落实，但对战后初期的住宅营团、公务员住宅、民间住宅的户型设计产生了巨大影响。在这些设计中相继出现了厨房设置于南向（住宅营团 49 型），餐厅和厨房各南北设置（国家公务员住

住宅营团（公营）住宅 49B-N（1949 年）　　国家公务员住宅 49 型（1949 年）

东京国铁田端住宅（1950—1951 年）　　东银不燃住宅（1949 年）

图 3-5　基于食寝分离理论的实施项目

宅），厨房与餐厅相邻，并以操作台作为空间分隔（东京国铁
住宅）等的户型（图 3-5），这些户型虽然并非真正意义上的
DK 型住宅，但对 DK 型住宅的出现打下了良好的实践基础 [37]。

DK 型住宅的原型——51C 型住宅

"二战"后，面临空前的住宅短缺，日本在全国范围内进
行了以提高建造效率为目标的标准化设计。日本的住宅计划
研究所根据食寝分离理论设计了 51C 型典型户型平面，并在
全国建设了数栋采用该户型的实验性住宅，五年之后 51C 型
户型被公团采用，成为日本公共住宅系列化设计的原型 [38]。

51C 型户型是由东京大学吉武泰水等人以反映家庭人数
作为首要考虑因素而设计的三个户型系列中（A 为 53m²，B

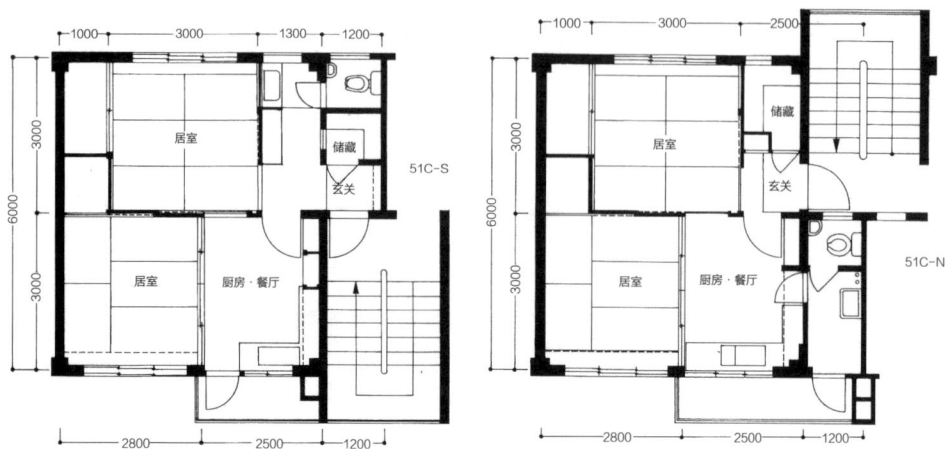

图 3-6　51C 型住宅

为 46m^2、C 为 39m^2）面积最小的户型（图 3-6）。该设计为了能够实现食寝分离，将厨房面积扩大到能够就餐的最小范围，形成日本集合住宅史上第一个小型住宅中拥有两个卧室和可供就餐厨房的户型，得到了使用者的普遍认可。与此同时，在两个居室之间用固定墙体替代了传统可移动的幛子，强化了每个房间的独立性。这种牺牲通风条件，强调个性的做法，从某种程度上反映了那个时代挣脱传统"家制度"束缚和追求独立精神的时代特征。

　　五年后公团在 DK 型户型基础上，研发了桌椅等相应厨房部品，并应用到实际项目之中（图 3-7），成为现代都市住宅的代名词和传统家庭一心向往的乌托邦。之所以椅子文化能够被日本接受，是因为传统席地而坐的文化，大大增加了家庭主妇的劳动量，在快速的生活节奏中，无法高效地完成家务。

图 3-7　就餐生活方式的转变

图 3-8　公团的 3DK 型住宅标准设计

DK 型住宅的普及

在 51C 型住宅的基础上，增加更多的起居室或工作间的方式，形成了能够适应不同家庭人数的"居室数 +DK"的"型系列"设计方法，并以此为基准，制定了 1963 年版和 1967 年版的全国统一标准设计。这一系列标准设计对公营、公团的大批量快速建造和基本品质的保障起到了举足轻重的作用。

早期的 DK 型住宅主要以两居室的 2DK 为主。到了 1970 年代，随着家庭平均人口的增加，不仅在公团还是在民间住宅中，主力户型逐步从 2DK 发展为 3DK（图 3-8）。但 3DK 户型受到了当时日本住宅研究者们的普遍批判。他们认为 2DK 中的 $35m^2$ 面积指标，反映的是最小限度的合理生活界限，所以 DK 型住宅中有两个居室是合理的。但 3DK 对应的面积是 $50m^2$，该面积显然属于舒适范畴，因此，DK 型住宅中不应进行简单居室功能拓展的三个居室方案，而应设置体现更高居住品质的可供娱乐的起居室。

适应现代居住生活的 LDK 型平面

LDK 型取代 DK 型

进入 1970 年代，随着家庭经济收入的提高，各种现代化家具和电器（如沙发、电视机、组合音响等）陆续进入家庭日常生活中，这对居住空间提出了新的要求。在此背景下，1967 年公团提出了在 DK 型住宅基础上，增加家庭娱乐起居空间的 LDK 型住宅（图 3-9）。LDK 型住宅首次出现在 1967 年的公团商品住宅中，租赁住宅则是在 1974 年出现。

LDK 型住宅吸收了欧美的现代主义居住模式中的"椅子生活"和欧洲的客厅布局方式，以夫妻和孩子所形成的核心家庭作为服务对象，一般将餐厅和客厅空间相连，并且卧室采用日本传统活动隔断，与客厅形成灵活多变的空间形式。此时日本 LDK 型户型与欧美现代住宅相比没有明显的区别，只是出现的时间大约晚了 40 年而已 [21]45。

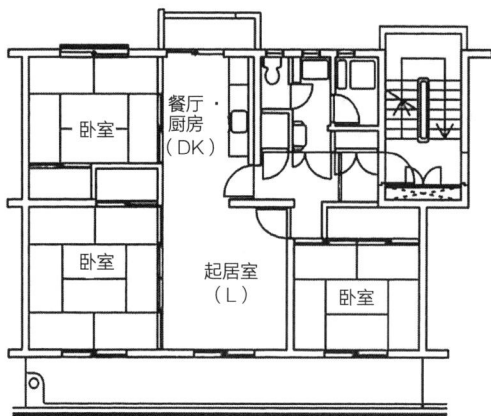

图 3-9 公团的 LDK 型住宅标准设计

公私分离的狭长型 LDK 型住宅

在经济高速成长时期，城市中心开始逐步出现民间团体开发的集合住宅，这些住宅因其良好的地理位置，刮起了一股民间集合住宅的抢购热潮。但在石油危机之后的五年间（1974—1979 年），因受到经济下行影响，民间集合住宅的市场进入了"寒冬期"。为了提高住宅的商品价值和消费者的购买欲，开发商打出了"在集合住宅中也能享受独栋住宅般的生活"的口号，并把独栋住宅中公共空间（客厅、餐厅等）和私密空间（卧室）以上下 2 层清晰分隔的布局模式 ① 引入民间的 LDK 型集合住宅，形成了公私分离的 LDK 户型平面（图 3-10）。这种户型在不景气的民间集合住宅市场中占据了一席之地。

① 独栋住宅中，一般有两层，一层作为家族全员的公共区域，二层作为卧室私密区域，两层之间用楼梯来连接，形成公共与私密相对独立的功能布局。

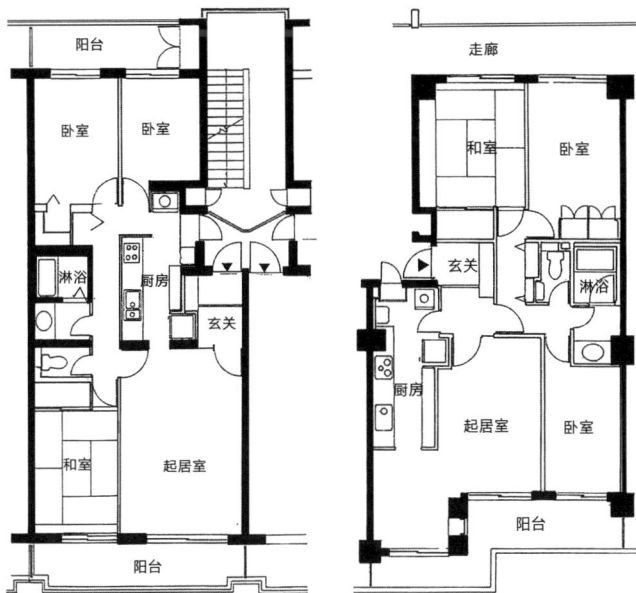

图 3-10 公私分离的狭长型 LDK 型住宅

公私分离型住宅的特点是：将卫生间和厨房移到户型内部，形成大进深狭长型平面，在客厅与卧室之间设置狭长通道，以门隔开，形成相对独立的"公"与"私"两个区域。即使客人在客厅停留很晚，也不会影响家人在卧室、卫生间和浴室之间的家庭生活。此外在"公"的两开间区域设置了"客厅—和室连接型"空间（图 3-11），提供了公共区域的多场景使用的可能性。这种类型是 1976 年以后最典型的 3LDK 布局[39]，在当时的可售型集合住宅中有着 90% 以上的占有率[40]136。

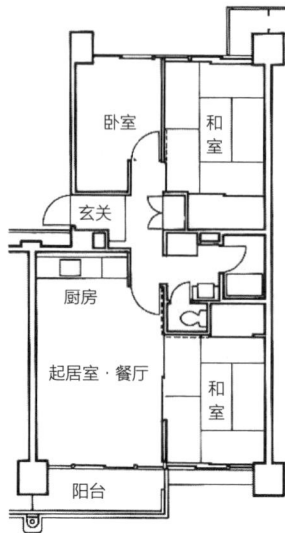

图 3-11　高使用率的 3LDK 户型

公私分离型住宅与公团最早的 LDK 型住宅相比，最大的特点在于功能空间的纵向排布，形成大进深小面宽的狭长型户型，这是日本经济高速发展时期在消除日照条件和高密度化条件下的户型大进深策略，可谓是日本独有的发明，在世界集合住宅中也是特立独行[41]148。狭长型户型形态减少了户型与外部空气的接触面，是损失户型品质的一种方式，但可以轻松实现容积率 5.0~6.0 的住区，对住区的整体经济性提升显著。公私分离型户型因其经济层面上的诸多优势，在此后的公营、公团住宅设计中成为一种范式。

拥有"光庭"的 LDK 型住宅

进入 1980 年代，随着经济的复苏，日本社会出现了换房热潮。人们从以往狭小的居住空间，转向更大更舒适的全新住宅。此时已大量出现的公私分离的狭长型住宅，由于居中的厨卫单元无法实现自然通风和

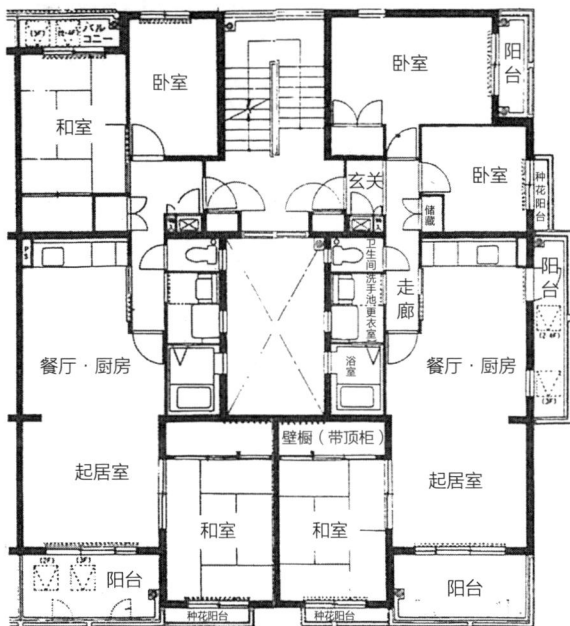

图 3-12　拥有光庭的 LDK 型住宅平面

采光，其综合品质很难满足渴望高品质居住的住户群体。为了改善这一局面，在狭长型住宅中间挖空通高的空间，形成了两户独有的"光庭"（图 3-12）。

光庭的引入，不仅改善了厨房、卫生间的采光和通风，还在集合住宅中呈现了日本传统町家的内置庭院空间特质。这一类型的住宅在当时占整个总住宅数量的 11.6%，其中商品住宅占比较多，达到 18.3%[40]137。集合住宅中的光庭的设置，使住宅平面和结构受力复杂，增加了建造成本和维护难度。这些不利因素在泡沫经济破灭之后，在更加注重经济性的市场大环境下，使光庭的做法不得不退出了日本的主流市场，但在少数多层高级集合住宅仍被推崇并采纳。

标准化设计的反思与多样化探索

　　日本的集合住宅，无论是在战后的复苏期还是之后的经济高速增长期，一贯以大量供给住宅为使命。大量供给时期公团住宅所设想的居民，是被平均化和隐形的普罗大众，主要体现为典型的核心家庭。以核心家庭为对象，日本结合"现代"化意识形态发明了 DK 型户型。日本人通过这种现代化、标准化的集合住宅，学习了新的生活方式，建立了新的家庭秩序。包豪斯提出的体现公平的板状住栋·平行配置的模型，在标准化盛行时代，其他国家没有像日本那样漂亮地普及和执行[42]。

　　此时公团的户型主要是在 DK 户型的基础上，增加居室数量或形成客厅，提供面向核心家庭的标准化设计，户

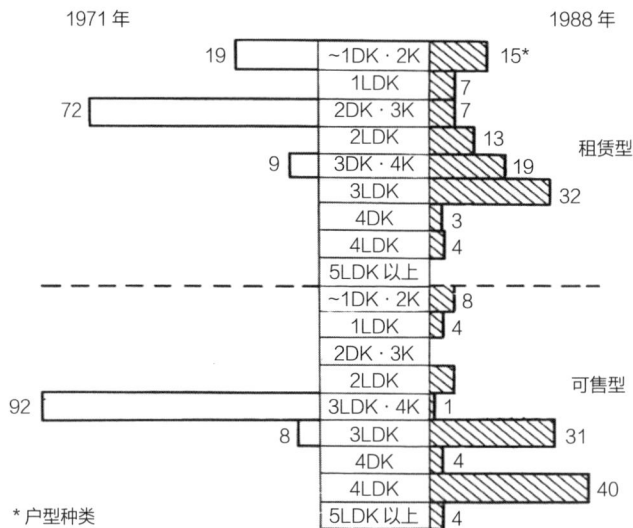

图 3-13　公团户型类型的多样化发展

型类型集中在租赁型的 2DK 和 3K，以及较大面积的可售型 3LDK 和 4K（图 3-13）[26]139。但到了 1980 年代，户型向多面积、多样化形式发展。其主要原因是日本以往的核心家庭不再成为主流，尤其东京等大城市居住者，年轻人或老年人的单身家庭几乎占据一半，还有许多没有子女的丁克家庭，核心家庭的占比不到 30%（图 3-14），总体来看一个或两个人的住户群体压倒性地增加了[43]。在一些研究调查中发现，城市居民可以进行各种居住方式和聚会方式，如在同一个住宅区里一个家庭额外租赁和购买一个房间，将年迈的父母接到身边照顾，或者把它当作工作场所，公团开始针对这一类多样化居住模式进行设计上的考虑[41]148。

基于上述社会居住理念的变革，公团废除了使用 30 年的标准设计，重新让设计回归到不同家庭的实际需求。公团在户型设计上采用了两种应对思路，一是增加能够适应家庭成员数量变化的可变型户型；二是提供更多的个性化户型。

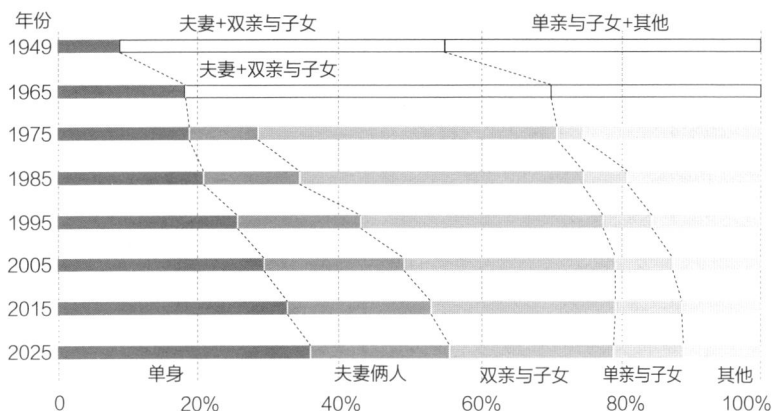

图 3-14 日本家庭构成比例与发展趋势

对应多样化需求的可变户型

1. 厨卫固定的可变型户型平面

日本传统民家住宅是以茶文化为主的具有多功能性的空间格局，在后期的标准化发展中，延续了这一特点，形成了"和室＋客厅"的开放式布局特点。但在1973年世界石油危机之后，"和室＋客厅"的标准化设计很难满足人们追求的居住个性化[44]，此时日本开始尝试户型既定轮廓下的空间可变性设计。早期具有代表性的有东京大学铃木研究室提出的顺应型住宅提案以及公团的 KEP 计划（图 3-15、图 3-16）。这些可变性设计是在原有传统户型基础上，将客厅、餐厅和卧室之间的固定墙体去掉，形成大型空间，同时引入室内空间模数体系，通过可移动家具和墙体等模数化部件的移动组合，实现不同室内空间格局，以此适应家族成员在时间维度上的空间需求变化[45]。早期的可变性户型由于厨卫空间相对固定且延续传统 LDK 户型的布局特点，因此户型的改变也未能跳脱出传统 LDK 布局，主要在房间数量或餐—客厅连续空间等形式方面进行变化。

图 3-15　通过家具来分隔使用空间的顺应型可变住宅

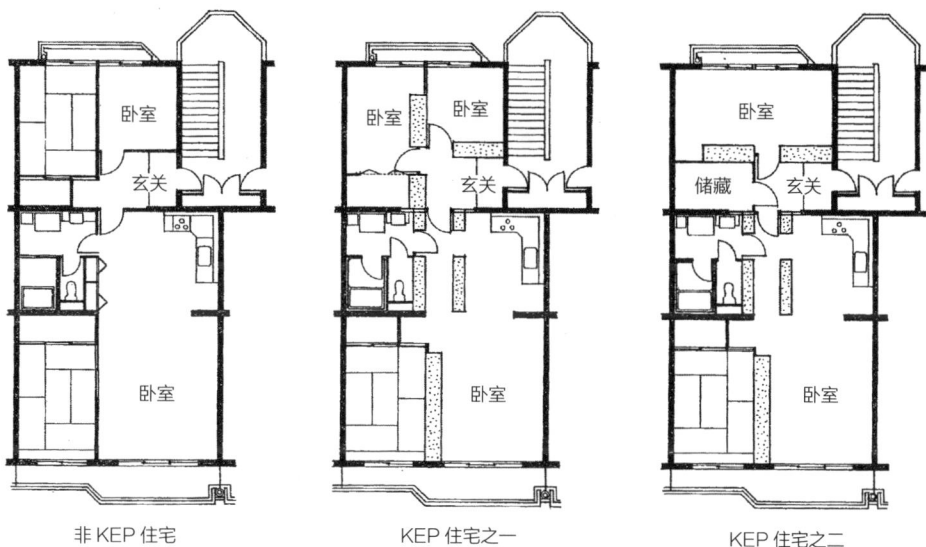

非 KEP 住宅　　　　　　KEP 住宅之一　　　　　　KEP 住宅之二

图 3-16　KEP 住宅与可动收纳系统

2. 厨卫单元灵活可变的整体可变型住宅

进入 1990 年代，随着户型向不同功能和类型的多样化发展，传统相对固定的厨卫空间所带来的空间局限性越发凸显。为了更好地实现全屋的空间可变，日本公团进行了基于 SI 住宅体系的 KSI 住宅研发，并于 1998 年建设了 KSI 住宅实验栋（图 3-17）。KSI 的研发目的在于通过住户内填充体的修改实验，探讨厨卫单元和生活单元布局的可变性，内装设备在安装和拆除时的可施工性，以及新的建筑结构、架空地板和新风系统等新技术的适用性。这些探讨都是围绕在户型可变基础上的住宅长寿命化来进行的，其中 KSI 开发了排水管集中于室外公用管井的横向排水和双层地板系统，使厨卫单元在全屋范围内能够自由布置，打破了厨卫单元上下对应的固有观念。

KSI 住宅实验栋建成之后，公团在东京 23 区内的实际住宅项目中迅速推广其相关技术，八年后，已应用相关技术的住宅数量达到了 14000 户左右（包括施工中的项目）。KSI 住宅在设计理念上延续了顺应型住宅和 KEP 住宅所倡导的大空间自由可变，但更重要的是，厨卫单元自由布置的相关技术的应用与普及，对日本集合住宅的发展带来

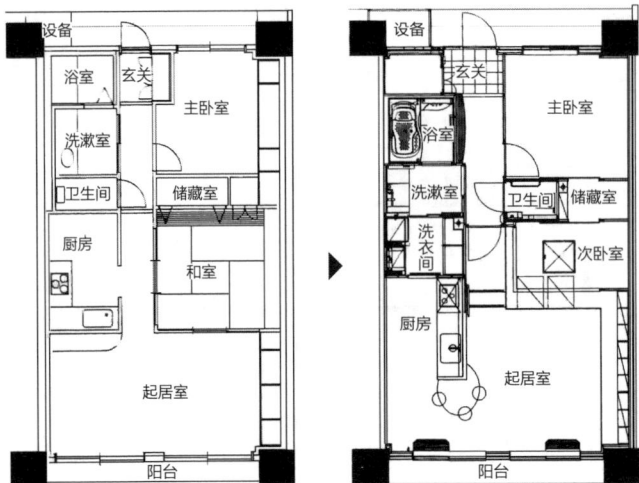

图 3-17　灵活可变的厨卫单元 KSI 住宅平面

了革命性促进作用，为日本后期实验性居住和创新性户型的产生提供了良好的技术支撑。

nLDK 与多样化户型探索

1.个性化空间的拓展——自由房间

随着日本社会对个人爱好和兴趣的不断重视，以及构成丰富的生活场所的愿景，nLDK 标准住宅中开始附加自由空间，以此满足住户的个性化、专属化的需求[46]。如东京日野旭之丘住宅中，在标准 3LDK 的户型基础上，侧面增加了一个多功能房间（图 3-18），根据住户的生活喜好自由使用。还有一些住宅一层户型中，增加了相对独立的自由房间（图 3-19），可作为独立入口、休闲茶室或工作室使用。这种附加功能室的布局，采用了标准户型增加附加功能的思路，比标准户型面积更大，因此在其后的户型小型化的趋势中，

图 3-18　东京日野旭之丘住宅

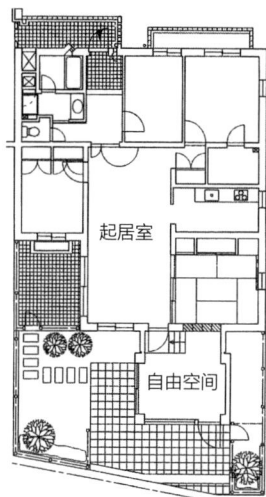

图 3-19　东京多摩中央住宅

其应用案例不断减少，取而代之的是多功能室与传统标准户型的相互融合。

2. 户型的职住一体化

战后日本整体社会快速进入现代化生产模式，为了进行大规模生产及管理，创造高效而集中的工作场所，日本提出了职住分离理论，推进了住宅地的单一功能化。但是，到了后工业时代，整体产业的细分化不断加剧，加之信息技术的发展，多人集中在一起的工作方式并非最高效。因此日本转变了以往居住地接近工作场所的逻辑，将"办公室"功能纳入住宅，实现"工作"与"居住"功能的相互融合 [33]。这种模式类似于日本传统的町屋"前店后院"，或传统街区店铺的"下店上住"的阁楼形式。

山本理显设计的班维尔（Ban Building）集合住宅，其户型单元被认为是工作场所，而且住在这里的人不一定是家

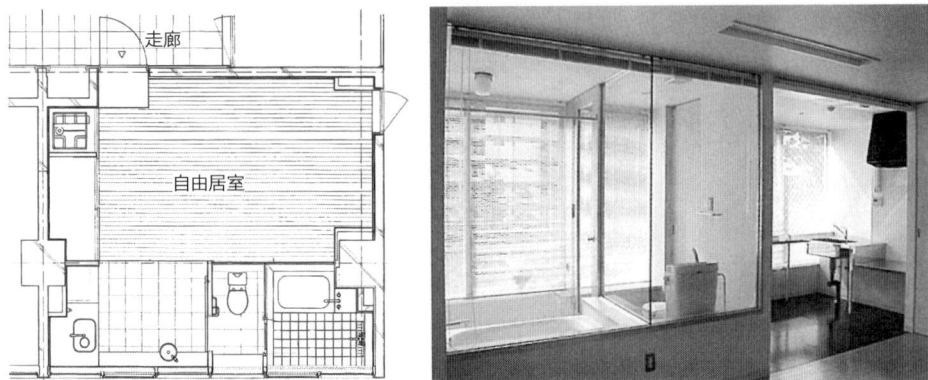

图 3-20　Ban Building（2001 年）住宅及室内采光效果

庭。不管是一人，还是非家庭关系的两个人或三个人，也可以像一个家庭一样居住。因为它是在市中心的租赁住房，有必要满足各种使用方式。仅从这一点来看，户型形式就完全不同了。户型尽可能围绕入口处设置大空间，厨房和卫生间则设置在外侧采光处，并用透明材料来分隔，这样的布局可以得到入口周边的最大自由度（图 3-20）。其不仅可以像事务所或画廊一样使用，也可以作为住宅来使用。山本理显提出了一个与以前完全不同的建议，认为条件最好的地方应该是厨卫区域。光线明亮，视野也好，然而，也有人提出内部使用空间通过浴室空间间接采光是否可行的疑问，但实际效果要比想象得明亮得多；因此，这种模式作为家庭办公用的居住单元有充分的可能性[47]。

　　办公功能的植入，在狭长型户型中也得到了广泛的应用，如山本理显在东云公团中，将厨卫空间设置于采光一侧，这样在走廊侧形成自由度较高的空间，其中入口处设置了一个较大且方正的 F-room，形成"基本单元 + 附加型"单元格局。F-room 与走廊通过玻璃进行分隔，如同城市中的橱窗，它也可以成为一个独立的工作场所或儿童房等，这种布局与以往的中心走廊形式的户型完全相反，类似于城市街道中的多功能建筑单元。此外，还有一些厨卫空间在采光侧的基础上，办公区域与餐厅、厨房形成一体的 SOHO 类型，整体空间有着良好的采光和通透性，受到很多住户的欢迎（图 3-21~ 图 3-23）。

图 3-21 南侧厨卫空间的室内效果

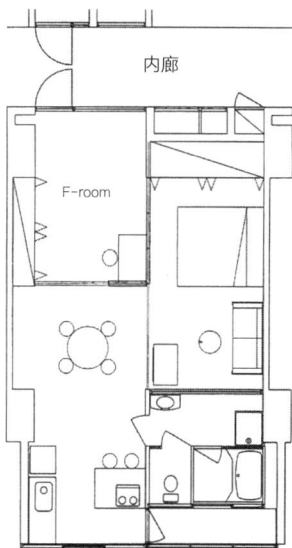

图 3-22 F-room 户型

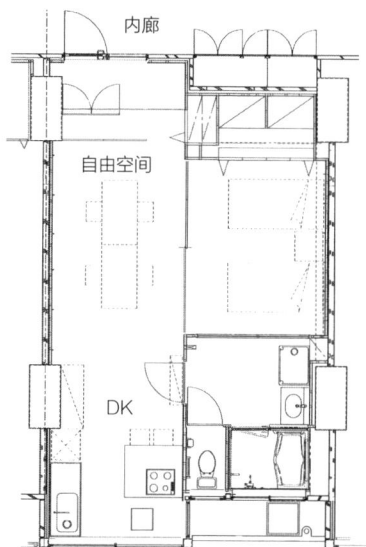

图 3-23 SOHO 户型

3. 户型的老龄化应对

以往的城市住宅，更多考虑年轻人的居住，但随着日本步入老龄化社会，老年人在城市中的比例持续增加。在地方城市，看护人员需要开车走较远的路才能到达老人的家，但在高密度居住的大城市，服务效率要高得多，从护理效率的角度来看，城市居住是非常有好处的。户型中为了防止单身老人被孤立，让邻居们能够观察老人动向，在走廊一侧设置可观察的玻璃窗（图 3-24），做到整体户型的视线通透。此外，还出现了父母和子女两个家庭确保生活独立的同时，彼此邻近居住的户型（图 3-25），这样子女能够方便照看父母，从这一点来看，可以说护理需求改变了户型格局[41]149。

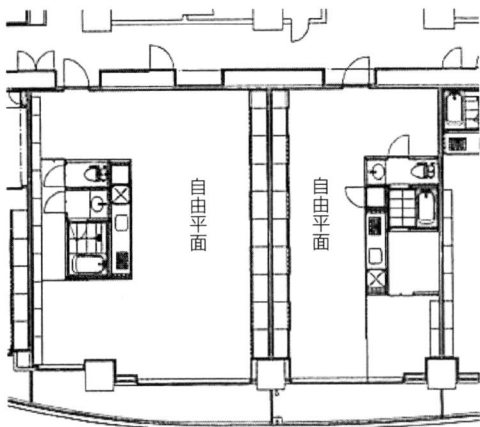

图 3-24 走廊一侧设置观察窗的老年住宅

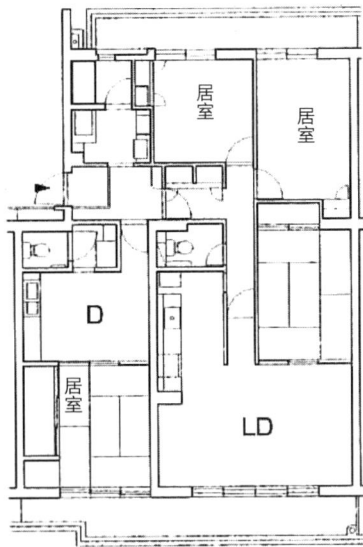

图 3-25 两代居

住宅交通形式

　　集合住宅中的交通是连接户型和外界的重要物理媒介，在很大程度上影响着住栋形态、居住效率、防火安全、住户交流和入户感受等。集合住宅交通形式主要分为廊式和单元式，目前日本的集合住宅无论是板式多层，还是塔式高层，主要呈现为廊式交通[48]。但从近一个世纪的日本集合住宅交通形式演变来看（图 3-26），交通形式并非一成不变，主要经历了 1920—1960 年代的单元式到 70 年代的行列式的逐步演化。而这一演化过程，在不同程度上迎合了日本社会使用人群、居住模式和价值取向的时代性变化。

单元式交通

　　单元式是集合住宅中最为传统的交通组织方式，它的占地面积较少，并且可以嵌入在户型之间，给户型带来良好的景观、通风和私密性。在日本，单元式从 1920 年代的同润会住宅中开始大量使用（图 3-27）。"二战"结束后，日本将这

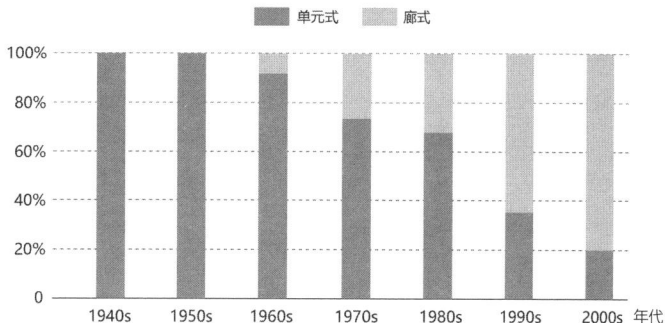

图 3-26　日本集合住宅交通形式演变

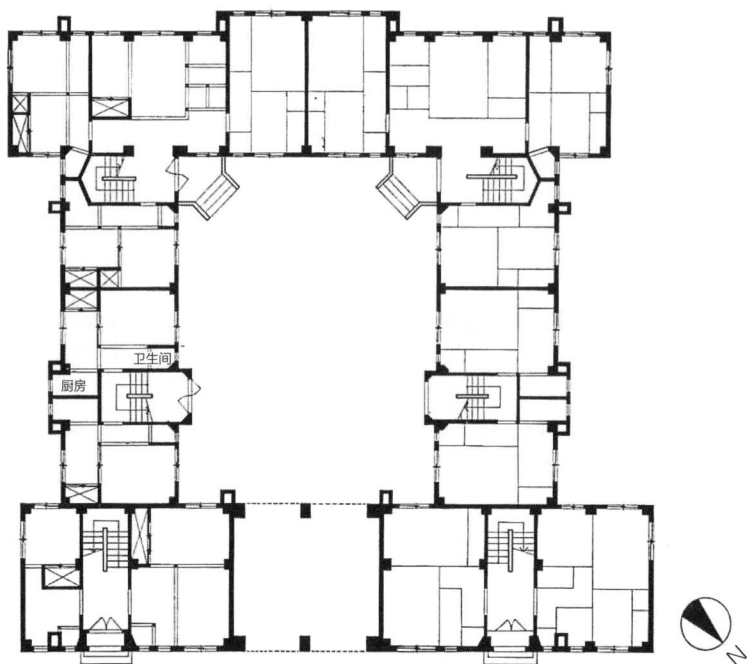

图 3-27　三田共同住宅的一层平面布局（1927 年）

种能够带来良好户型品质的交通形式作为公营和公团住宅的设计标准进行了大力推广。虽然从 1970 年代开始，单元式逐渐被提倡效率的廊式所取代，但在目前的一些高品质住宅中，仍然能找到单元式交通形式的身影。

　　日本单元式主要类型为一梯两户，有一段时间内也曾出现过一梯三户 Y 字形（表 3-1）和十字形。单元式组合模式较为单一，但随着层数的增加，每个单元需要配置电梯，与廊式相比效率不高。此外单元式楼梯以往嵌入在户型之间，因此建筑结构复杂，其实现户型标准化的难度比廊式更大。

单元式交通类型

表 3-1

类型	北侧楼梯间	南侧楼梯间	北侧横向楼梯间	内部楼梯间
原型	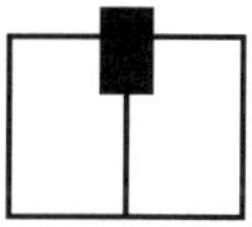	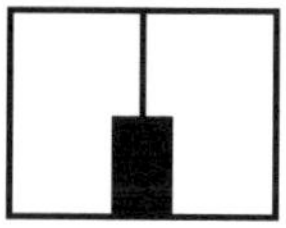	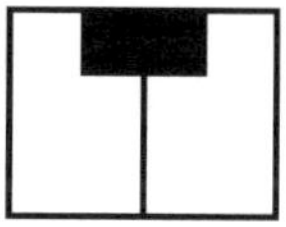	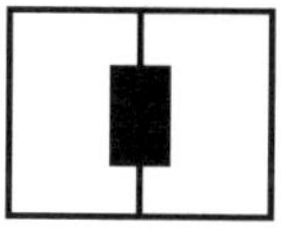
典型案例	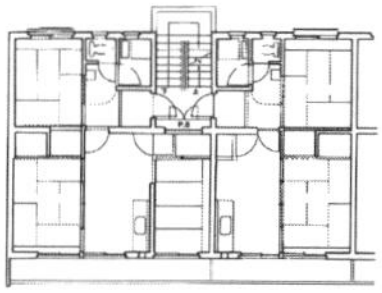 公团 66 型（1）	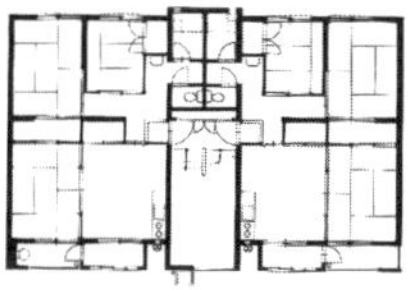 上新荣町团地	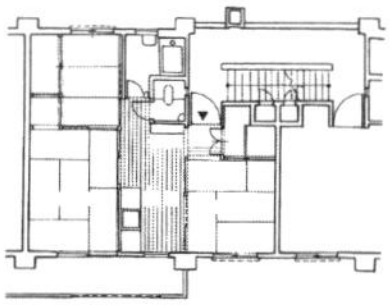 公团 66 型（2）	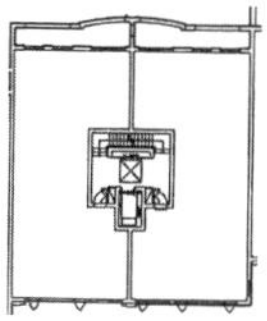 公园城市（Park city）滨田山

类型	中庭	中间楼梯间	一梯多户	Y 形组合
原型		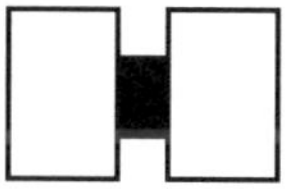	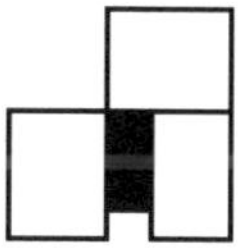	
典型案例	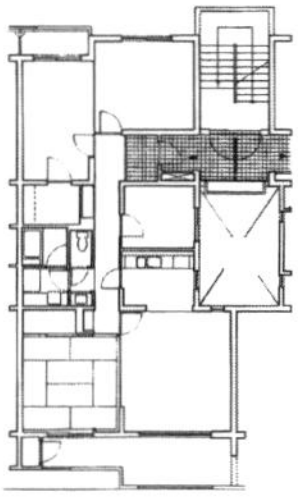 薄野第三团地（1983 年）	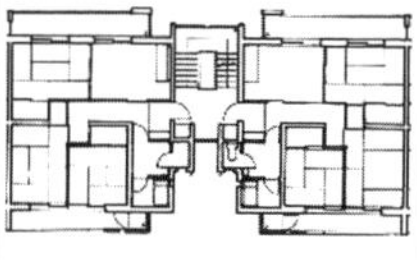 都营多摩新城（1983 年）	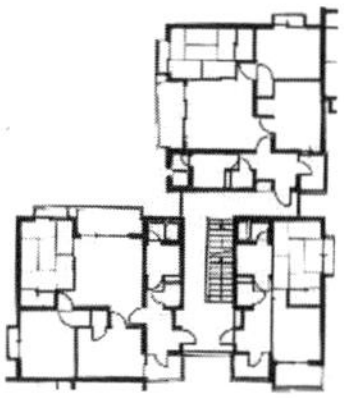 木场公园 3 号住宅（1982 年）	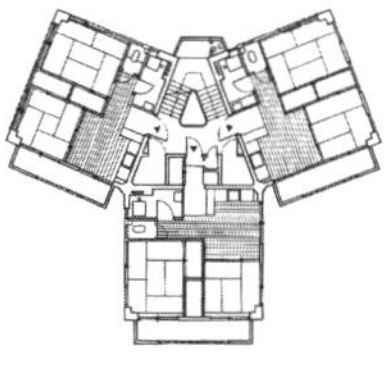 公团 57 型

067

廊式交通

廊式交通共用楼梯、电梯，通过内、外廊进入各户，能够促进邻里之间形成和谐的人际关系。因此，廊式住宅相对于以楼梯为中心、各户自成一体的单元式住宅更具社会属性[49]。廊式交通有着悠久的历史，在19世纪末日本最早出现的煤矿工人集合住宅中便可以寻找到它的身影（图1-7），但真正大规模应用是在1960年代高层住宅涌现时期。廊式住宅的一部电梯每层服务户数可达6~10户，提升了电梯使用效率，还减轻了每户分摊的电梯维护费用。另外，建筑规范对集合住宅的疏散提出了非常严苛的要求。当发生火灾时，廊式住宅能够让住户迅速逃离室内，在走廊呼吸新鲜空气，并从走廊的两侧快速逃离。这种高频的电梯使用率和疏散效率，单元式是很难与其相提并论的。

廊式的缺点也很明显，尤其是走廊空间对户型的私密性和通风采光的影响较大。虽然廊式无法给户型带来较好的品质，但依然是当前日本集合住宅的主要交通形式。这一现象与集合住宅的使用人群和自身的定位不无关系。

日本的集合住宅占全国总住宅量的41.7%（2008年）[50]，其余为独栋住宅。一般经济条件并不宽裕的工薪阶层和青年人群居住于集合住宅（租赁型为主）。当这些居住群体有能力改善居住品质时，将会搬迁至独栋住宅，实现居住的终极目标。从这一角度来看，集合住宅在日本被更多地赋予了"临时"属性，强调经济性和实用性，而更高的居住品质则在独栋住宅中实现。因此，在集合住宅中廊式交通所带来的某些品质上的不足也能够被理解和接受。

日本廊式交通主要分为五种：外廊式、内廊式、双廊式以及在一些高层塔状住宅中的核心型廊式和天井型廊式（表 3-2）。其中，外廊式在 1960 年代之后开发的高层住宅中出现最多，应用最广。进入 1970 年代，在一些城市中心区的开发中，内廊式因其有效提高住栋整体进深，增加住区容积率，被应用在东西向高层集合住宅中。随后，在内廊式基础上，又出现了可以改善走廊空间采光和通风性能的双廊式布局。1980 年代后期，日本在东京、大阪等大城市中心区有限的土地上开始建设高密度住区。此时日本大量采用占地小、面积大的超高层塔楼住宅形式（日本把 18 层以上的住宅定义为超高层），以此作为缓解城市用地压力的有效手段之一[51]。超高层塔式住宅采用了相对集中的垂直交通和连接各户的环形走廊，主要分为核心型廊式和天井型廊式。

廊式交通类型 表 3-2

类型	外廊式	内廊式	双廊式	核心型廊式	天井型廊式
原型					
典型案例	 大成·青叶团地（1980 年）	 户山高地团地（1976 年）	 河原町团地（1972 年）	 六本木住宅区（2003 年）	 大宫下町 3 丁目公寓（2010 年）

廊式空间的多样呈现

廊式住宅主要以交通和疏散效率为导向进行设计，缺乏从居住环境视角考虑的消除"人"与"物"之间距离感的思考，尤其面对高层住宅，住栋北侧走廊空间狭长乏味，构成了巨大视觉冲击和非人性尺度，在精神和物质上，成了无可救药的空间[52]。为了创造具有身份认同的居住环境和良好居住品质，在一些实验性集合住宅设计中，探讨了以下内容：①"家"空间和"街"空间的明确领域划分，创造相对独立的"空中街道"和与景观相协调的建筑界面形式，隔绝走廊对住户的干扰；②通过设置连接户型与走廊的入户庭院，为每个"家"的个性化提供可能；③在单元立面、楼梯、电梯轴中通过多种要素的抽象表达，实现在居住环境中的人性尺度和身份认同。

基于上述探讨，集合住宅的交通组织形成在实际项目中从平面和剖面两个维度，尝试了很多提升品质的设计方法，在建筑形式、居住品质、住户认同等方面找到了较好的平衡点。

1. 走廊与居住空间的相互分离

首先，从平面布局上，通过小天井的嵌入，将走廊脱离于住宅主要功能，有效缓解了廊式住宅通风、采光及私密性等不足的问题[53]。其次，一些廊式住宅以户型相互错位的锯齿形组合方式，与斜向的走廊形成了三角形灰空间，作为外门厅缓冲空间和北侧卧室外吹拔空间，提升入口空间品质和北卧私密性（图3-28）[54]。此类做法首次出现在1980年代以提高住宅品质来刺激消费市场的民间集合住宅中，当时得到市场的普遍认可，后来逐步推广到日本全国，但由于造价和后期维护成本较高，未能大面积普及。

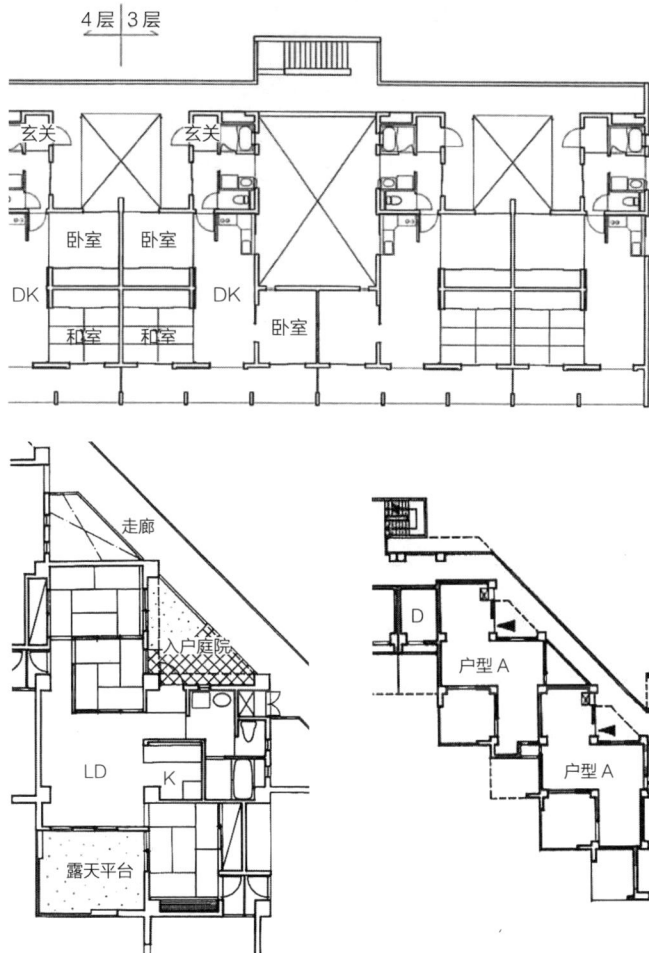

图 3-28　三重町东营住宅

2. 跃层廊式

除了在平面上探索廊式的更多可能性，设计师在剖面上也做出了一些特色鲜明的尝试。跃层廊式住宅是日本集合住宅中解决私密性的常用类型。该住宅的走廊每隔一层设置，连接复式户型的下面一层，类似于日本传统的联排住宅，下面入口层一般设有厨房和餐厅，上面一层则作为卧室的私密

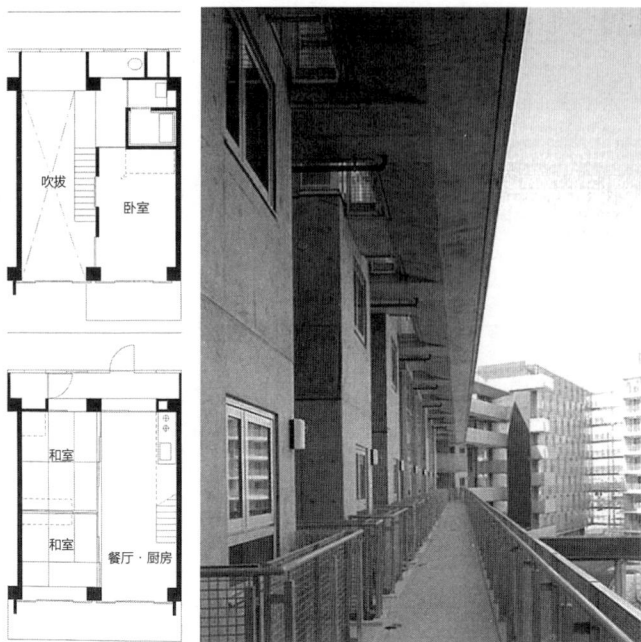

图 3-29　跃层平面及外廊效果

空间（图 3-29）。跃层住宅相比传统廊式住宅而言，保证了上一层卧室的私密性，并且减少了一半的走廊面积，但户内设有楼梯，适合于较大面积的户型。

3. 跃层廊式与单元式组合

为了在跃层廊式中嵌入平层住宅，日本开发出了跃层走廊与单元式相结合的跃层廊式平层住宅形式（图 3-30）。该形式每隔三层设置走廊，有走廊的楼层直接入户，无走廊的楼层则利用单元楼梯上一层或者下一层入户。这种形式将廊式和单元式特点有效结合，各取所长，公共交通面积的大小也介于两者之间[55]。在一些实际的应用中，为了进一步减少走廊对户型的影响，出现了将走廊降低半层的立体解决方案（图 3-31）[56]。

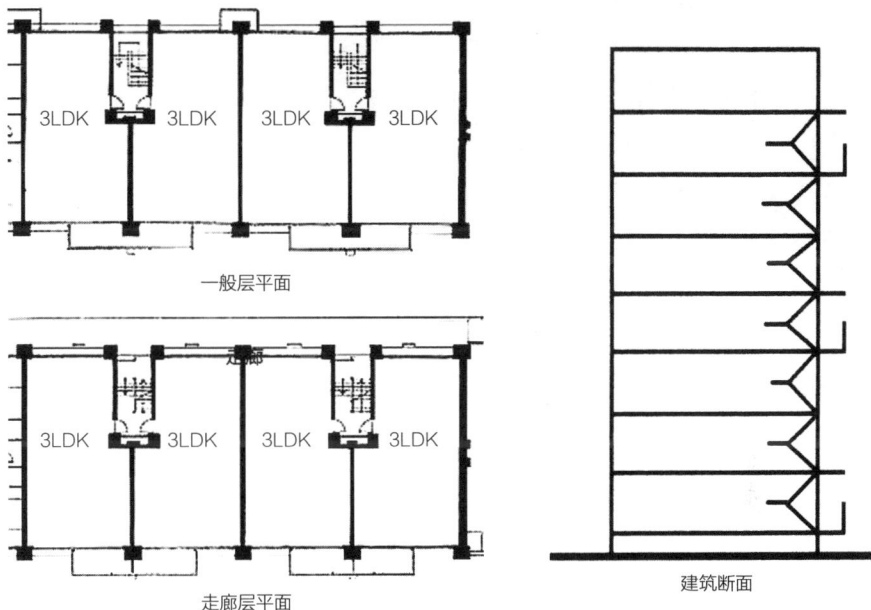

一般层平面

走廊层平面

建筑断面

图 3-30 跃层廊式与单元式组合

在千里山口集合住宅（图 3-32）和熊本县营新渡鹿团地（图 3-33）项目中，在延续上述交通形式的基础上，设计师将走廊进一步脱离于建筑主体，把平层廊式住宅中的效率、私密和通风做到了最优，并且形成强烈的外走廊视觉效果。但对于居住的便利性而言并非最佳，尤其对于老年人来说，上下楼梯和过长的交通流线十分不便，在这方面传统的平层廊式住宅更具优势。此类住宅主要在 1970 年代单元式向廊式的过渡期间出现得较多，但复杂的交通形式所带来的施工困难和造价上涨，以及无障碍问题，成为此类交通形式难以普及的主要原因[57]。

4. 打造立体街道

"立体街道"不同于单一的内廊，而是将内廊两侧住宅相互拉开形成共享空间（图 3-34），将光和风引入住宅楼的内部，通过公用走廊、专属连桥等连接每个户型，内部空间像城市街道一样具有独特场所性和游走性。"立体街道"可以说是双廊式进一步演化的产物，通过设计共用走廊和专用走廊的连接方式，探索了在保护隐私和方便

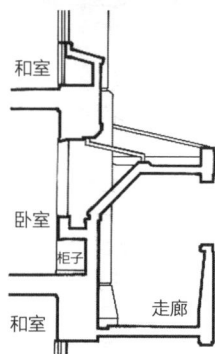

图 3-31　北绿丘团地走廊局部断面图

和室

卧室

柜子

和室　　走廊

图 3-32　千里山口集合住宅（AB户型）

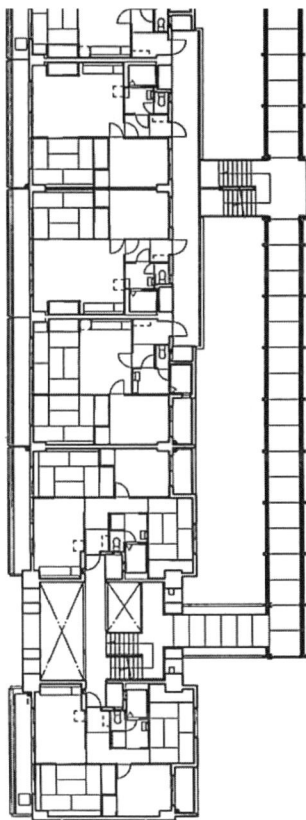

图 3-33　熊本县营新渡鹿团地

入户的同时可以提供的交通空间的更多可能性。

5. 廊式空间的功能附加

传统走廊空间以通过性交通功能为主，因此在一些大型住宅中，经常出现单调且较长的走廊空间，容易产生住户之间交流不便、住户身心压力增加、对灾难防范持有不安情绪等一系列问题。为了缓解上述问题，在有限的走廊空间内加入能够使人驻足消遣的空间场所，包括景观露台、休息角等功能（图 3-35），在经济性和功能性方面寻找新的平衡，形成富有情调的人性化空间。

综上，日本集合住宅交通与户型形式演变影响因素与路径请见表 3-3 和图 3-36。

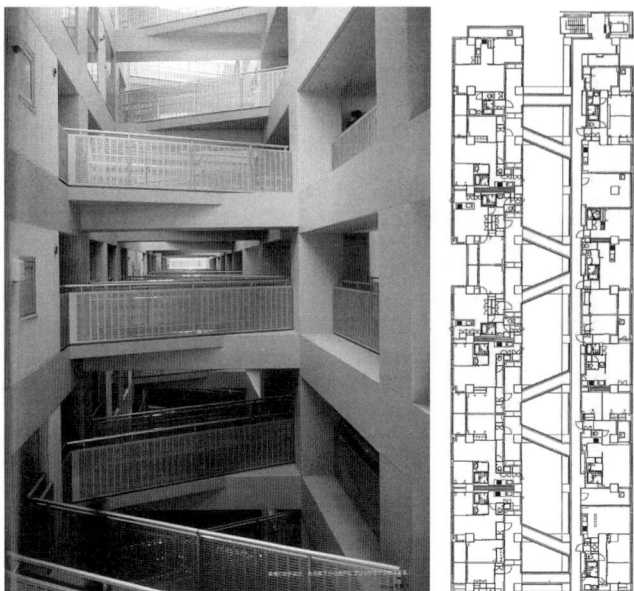

图 3-34　东云公团立体街区

图 3-35　走廊空间休息角

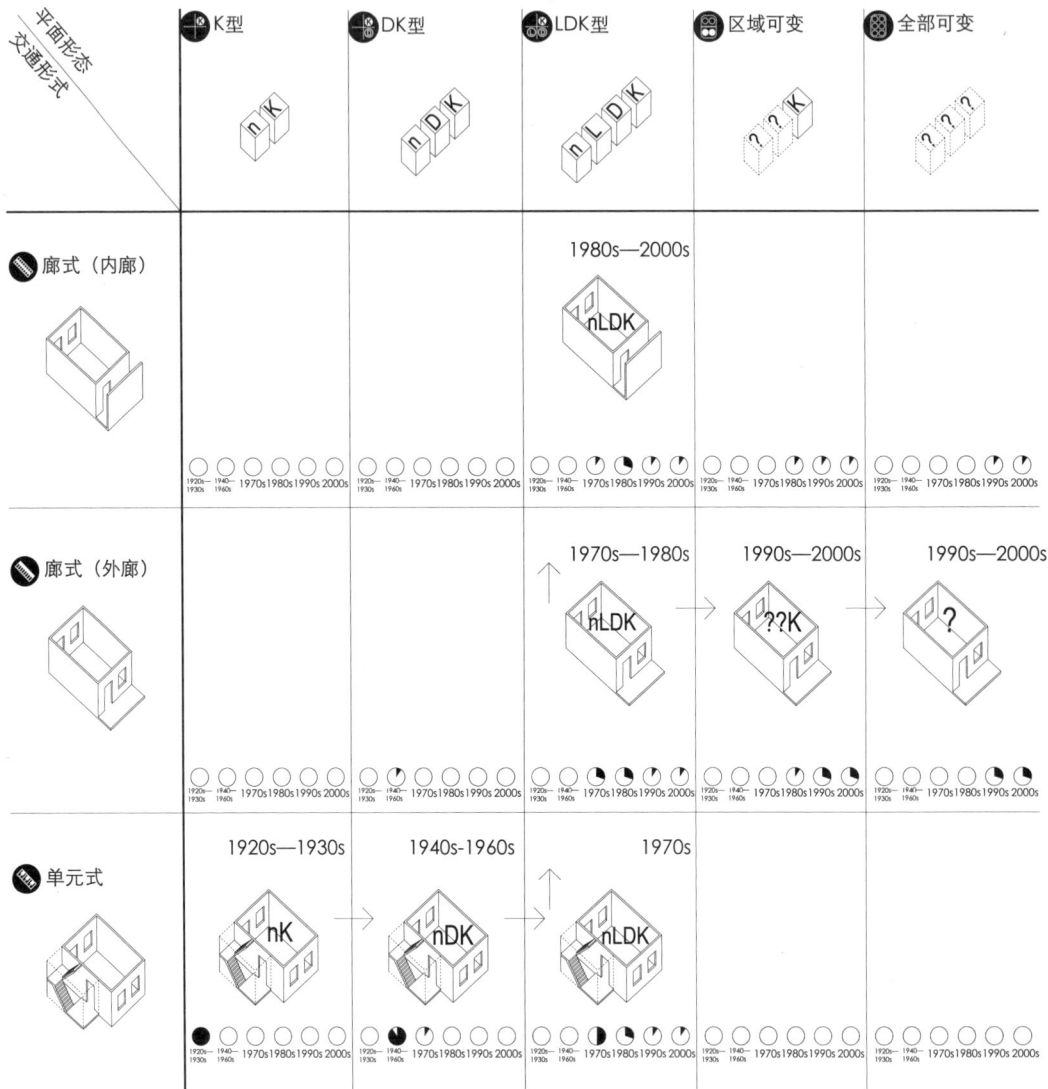

	K型 nK	DK型 nDK	LDK型 nLDK	区域可变 ??K	全部可变 ???
廊式（内廊）			1980s—2000s nLDK		
廊式（外廊）			1970s—1980s nLDK	1990s—2000s ??K	1990s—2000s ??
单元式	1920s—1930s nK	1940s-1960s nDK	1970s nLDK		

图 3-36 日本集合住宅交通与户型形式演变路径

日本集合住宅交通与户型形式演变影响因素　　　　　　　　　　表3-3

时期	集合住宅萌芽时期（1920—1945年）		大量供给时期（1946—1973年）		多样化探索时期（1974—1991年）		再生时期（1992年至今）	
	1920年代—1930年代	1940年代	1950年代	1960年代	1970年代	1980年代	1990年代	2000年代
社会背景	·关东大地震（1923年） ·框架剪力墙体系出现	·需要大量住宅，但很少进行建设	·废除战前的"家制度" ·人口从地方到城市集聚移动	·家庭数和人口持续增加 ·战后出生的孩子开始独立	·受到欧美的现代主义居住思想影响 ·家用电器增加	·提高住宅的功能布局，向独栋住宅靠拢 ·建设用地紧张	·住户需求多样化 ·建设用地紧张	·近代家庭与现代生活不匹配 ·少子老龄化 ·家庭民主化 ·建设用地紧张
设计理念与技术开发	·延续日本传统住宅的布局形式（田字形） ·延续日本传统居住模式	·食寝分离理论探索	·公营的标准设计（51C型） ·可供餐的厨房	·公团标准设计（1963年/1967年）	·注重家庭交流空间 ·NPS	·公私分离理论（PP分离理论） ·KEP ·CHS ·二阶段供给理论	—	·SI住宅 ·居住的长期化
住栋	·板式多层	—	·板式多层	·板式多层 ·板式高层	·板式多层 ·板式高层	·板式多层 ·板式高层 ·塔式超高层	·板式多层 ·板式高层 ·塔式超高层	·板式多层 ·板式高层 ·塔式超高层
交通形式	·单元式	—	·单元式	·单元式	·单元式 ·廊式	·廊式	·廊式	·廊式
平面形式	·K型	—	·DK型（2DK）	·DK型（3DK）	·LDK型 ·狭长LDK型	·光庭LDK型	·区域可变型（厨卫单元固定）	·全部可变型（厨卫单元可变）
解读	·缺乏私密性和独立性	·食寝分离理论成为公营、公团标准设计的理论依据 ·强调每个房间的私密性和独立性	·体现战后所追求的民主家庭关系	·3DK是基于2DK的简单增加一间居室，未能符合随时代变化的生活样式	·厨卫单元的居中化，削弱了其通风和采光效果	·光庭的导入有效改善了厨卫单元的居住质量，但由于成本上涨，光庭型住宅逐渐消失	·开始尝试多样化户型的供给	·与多样化相比，更加重视住宅的长期使用

第四章
技术体系

　　1970 年代，为了寻求更能体现多样化和人性化的城市住宅供给原则，荷兰学者哈布拉肯（Habraken）提出作为开放建筑理论基础的"层级"（level）理论。层级理论将城市和建筑分为城市部分、支撑体部分（建筑主体）和填充体部分（室内装修）三个层次，各部分分别由政府部门、开发商和住户负责决策[58]。日本经过长期的技术研发积累，在 1980 年代研发出支撑体住宅——SI 住宅（S 为支撑体 skeleton，I 为填充体 infill）体系，并出现了相应的标准和设计应用。下面从建筑支撑体和室内填充体两个层面阐述集合住宅技术体系。

建筑支撑体

　　日本最早的同润会集合住宅结构为了抗震耐火采用了钢筋混凝土材料，到了 2008 年，在整个集合住宅库存中钢筋混凝土结构的比例达到了 72.7%（图 4-1）。另外从图 4-2 中可以看出，钢筋混凝土结构在近一个世纪的演变中，其结构形式发生了一些变化。1920—1930 年代，结构形式主要体现为框架剪力墙。而进入 1960 年代，剪力墙结构形式占据最大比重。此后，随着时间的推移，框架剪力墙结构逐步代替了剪力墙结构，到了 1990 年代，框架剪力墙成为主要的结构形式。

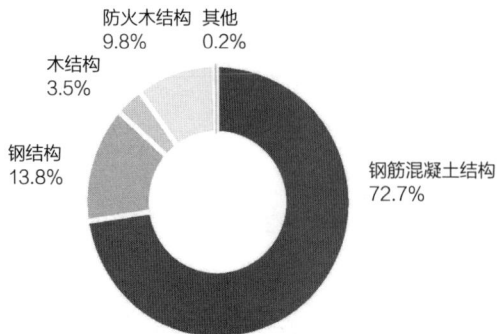

防火木结构 9.8%　其他 0.2%
木结构 3.5%
钢结构 13.8%
钢筋混凝土结构 72.7%

集合住宅库存总量：2068.4 万套

图 4-1　集合住宅中各类结构的所占比例（2008 年）

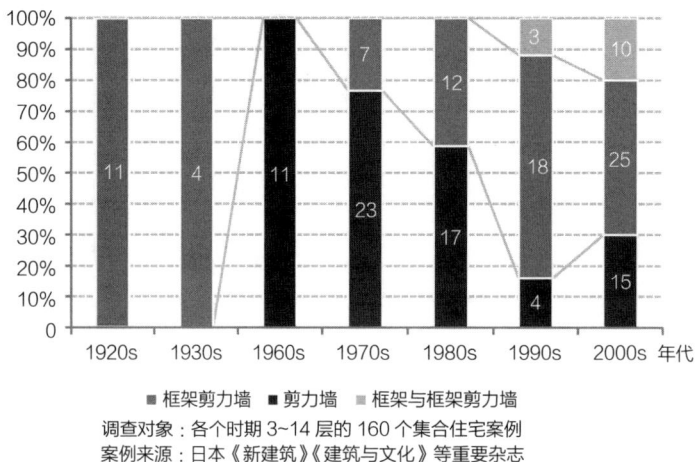

■ 框架剪力墙　■ 剪力墙　■ 框架与框架剪力墙
调查对象：各个时期 3~14 层的 160 个集合住宅案例
案例来源：日本《新建筑》《建筑与文化》等重要杂志

图 4-2　日本集合住宅支撑体结构形式的演变

结构形式

1. 与室内装修相分离的框架剪力墙结构

同润会成立之后，日本引进了集合住宅模式，并开始了钢筋混凝土结构的集合住宅建设。此时，在集合住宅中采用框架剪力墙的方式（图 4-3），并没有给日本传统的居住生活带来很大的改变。因为框架剪力墙结构中的柱子与梁，具有

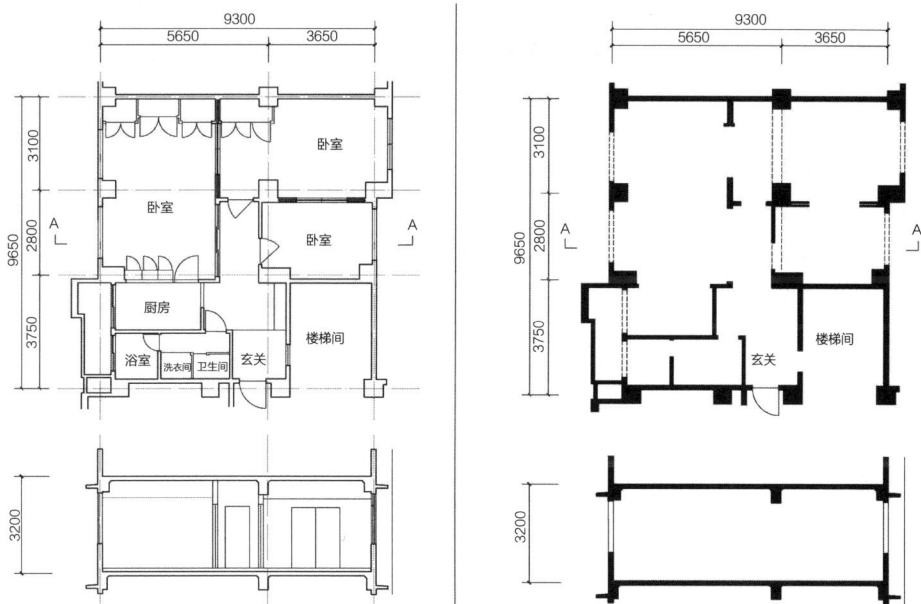

图 4-3　同润会时期的江户川共同住宅标准平面图（1934 年）

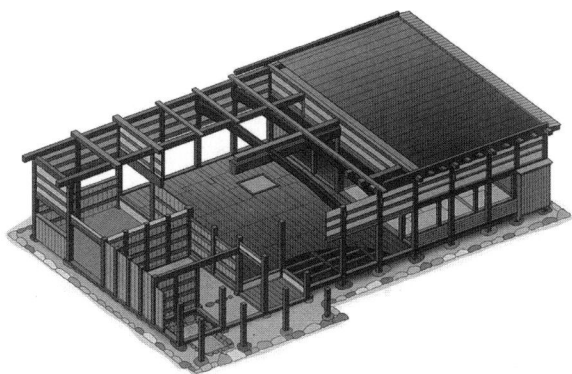

图 4-4　日本传统梁柱构造住宅（江户时代）

日本传统木造住宅梁柱承重的力学特性，并适应于以柱子作为分割支点的日本传统居住空间特性（图 4-4），较好地反映了日本传统梁柱结构文化，而剪力墙的采用则是为了更好地抵抗地震作用力。集合住宅形式和钢筋混凝土结构的同时引进，可以说是日本集合住宅发展的一个特点[59]。

图 4-5　内装分离做法与室内效果

　　值得一提的是，当时日本集合住宅的建设，首先由一批杰出的建筑师来设计结构支撑体，随后由传统的工匠进行室内装修，通过这种分阶段提供的方法，实现了支撑体和室内装修的分离，延续了日本传统木造住宅的室内空间品质（图 4-5）。

　　2. 追求建造效率的大板剪力墙结构

　　"二战"结束之后，住宅公团主导了日本大批量的住宅建设。1956 年公团开创了可以在工厂重复生产的大板工业化体系——Tilt-Up 工法，减少了建筑主体构件的数量和构件之间的衔接工序。另外，通过板材上集成室内装修和饰面的方法，免去了二次施工，提高了现场装配速度。1965 年，在 Tilt-Up 工法的基础上，住宅公团通过技术改良，研发出了 W-PC 工法（板式预置钢筋混凝土结构）（图 4-6~ 图 4-8），并推出了相关设计规范。随着 W-PC 工法的成熟，日本集合住宅支撑体全面转向大板剪力墙结构形式。

　　虽然"二战"后大板剪力墙作为较成熟的结构形式被大量使用，但在其后的使用和维修出现了一些问题。由于大板结构形式是由不同耐久寿命的材料硬性结合而成（钢筋混凝土材料耐久寿命为 60 年以上，而饰面和管线的材料耐久寿命为 4~32 年不等），短寿命材料的维修与更换，对长寿命材料造成破坏，影响了住宅整体寿命。另外，位于

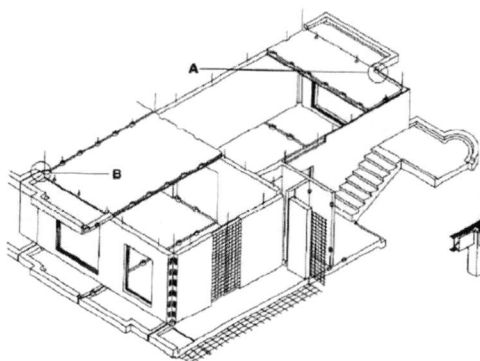

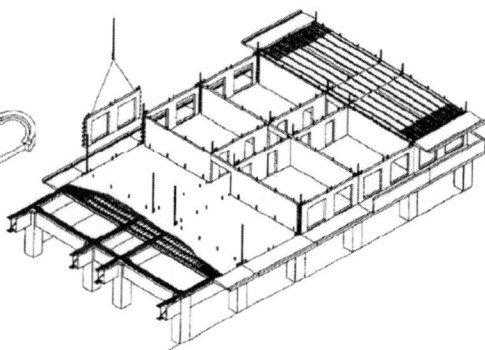

楼梯间型   内廊型（1层框架结构）

图 4-6　W-PC 工法的概念图

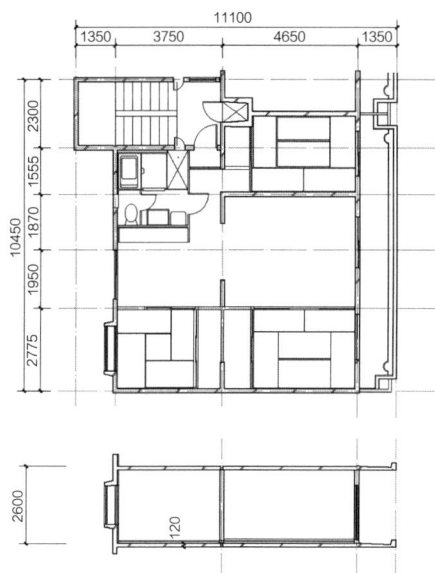

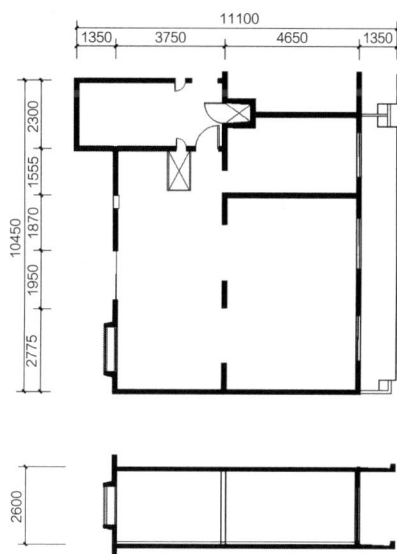

图 4-7　根据 W-PC 工法建造的工业化住宅标准平面（1971 年）

图 4-8　W-PC 工法的施工过程

室内的大板剪力墙，由于承重作用，无法对其进行改动，一定程度上制约了空间的灵活性。

3. 与室内装修、设备管线相分离的剪力墙结构

1973 年，日本遭遇了全球石油经济危机。这次经济危机，虽然抑制了住宅的建设，但却促使了住宅设计价值观向多元化的转变。日本国内通过实施 KEP 和 CHS 等计划，对大量供给时期影响使用寿命、无法给住户带来室内空间灵活性的大板结构形式进行了优化。其中，KEP 提出了一些"灵活"支撑体的提案：加大住宅承重开间与进深，尽量减少户内承重墙；考虑与支撑体设备管线的关系，采用便于收纳管线设备的降板楼板。而 CHS 则致力于考量与预估住宅每个材料与构件的耐用期，并制定不同材料构件之间的界面规范，以便于维修和更换，延长住宅的使用寿命（图 4-9、图 4-10）。通过这些努力，日本集合住宅支撑体在剪力墙结构的基础上，实现了室内无承重墙，并与室内装修、设备管线相分离的剪力墙结构形式。

4. 可持续耐久型框架与框架剪力墙结构

自从 1970 年代开始，随着土地资源日趋紧张，住宅建设出现了高层化现象，这对结构的抗震方面提出了更高的要求。1981 年，在集结全国耐震设计研究成果的基础上，颁布了《新耐震设计标准》。此法规中，大量采用了基于柔性体系的"动"的设计方法，即发生地震时通过建筑物结构体的自身晃动来抵消地震力（图 4-11）。这种结构设

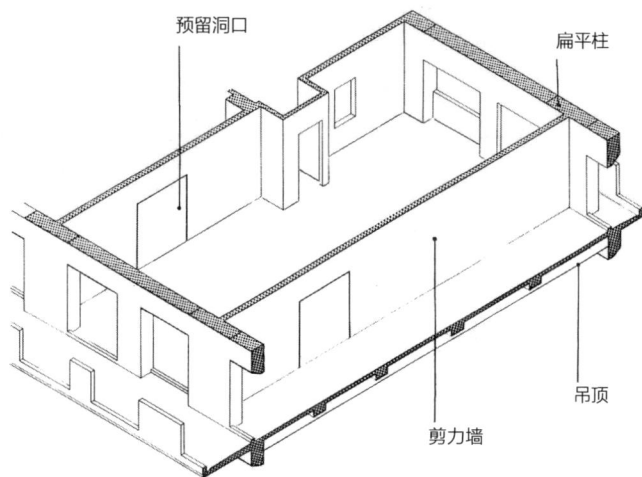

预留洞口

扁平柱

吊顶

剪力墙

图 4-9　CHS 支撑体体系

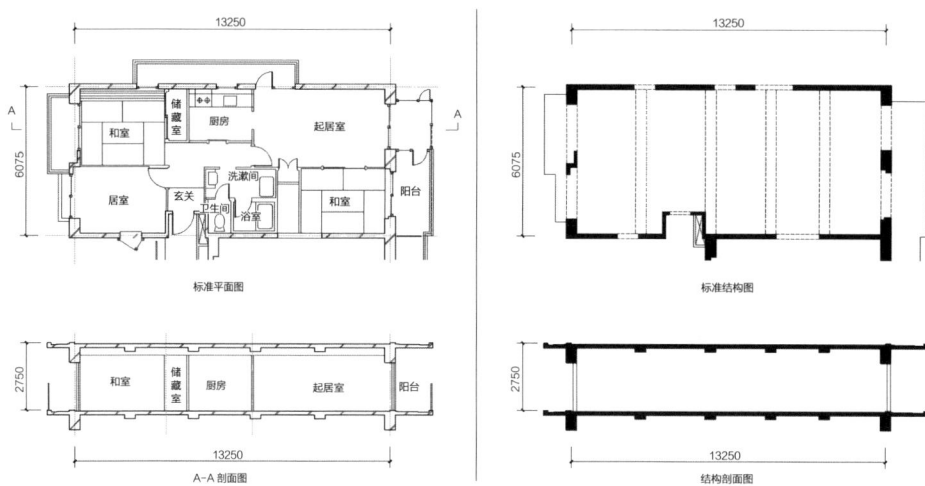

标准平面图

A-A 剖面图

标准结构图

结构剖面图

图 4-10　基于 CHS 的筑波·樱花团地（1985 年）

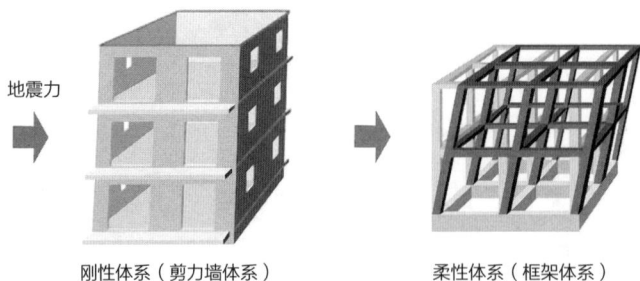

图 4-11　基于刚性与柔性体系

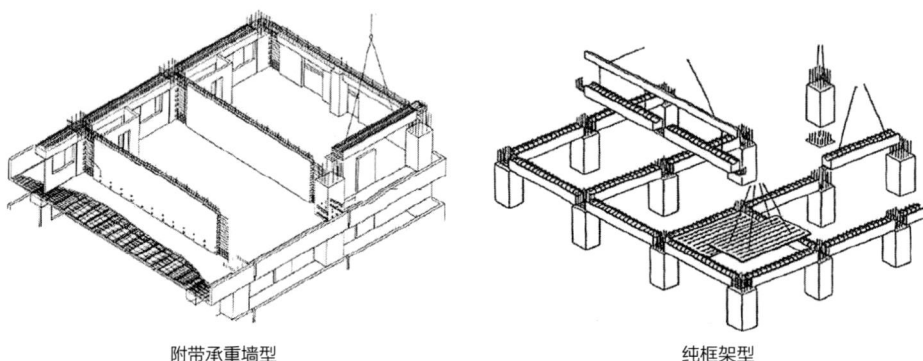

图 4-12　R-PC 工法的概念图

计方法的转变，促使了作为柔性体系的框架结构形式的出现。1991 年日本遭遇泡沫经济的破灭，经济发展严重衰退，住宅公团和地方自治团体决定停止商品住宅的大量供给，W-PC 工法便失去了能够发挥作用的多层住宅市场。从此，剪力墙形式慢慢退出了集合住宅建设领域。

　　1990 年代以后，在高层和超高层（60m 以上）集合住宅中，主体结构主要围绕着 R-PC 工法（框架式预置钢筋混凝土结构）展开（图 4-12）。这种工法主要包括两种结构形式：由开间方向上的框架和进深方向上的剪力墙组成的框架剪力墙结构形式（图 4-13），以及由梁柱构成的框架结构形式（图 4-14）。这些结构形式，与剪力墙形

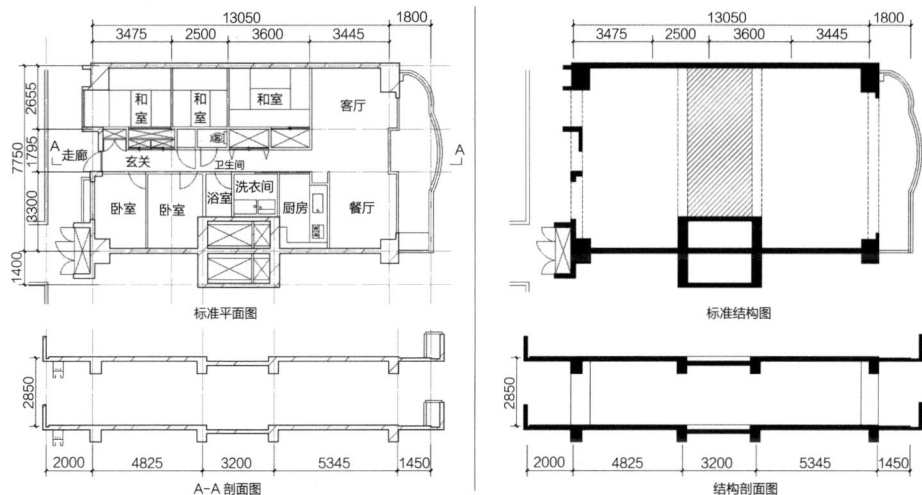

图 4-13　宇津木台团地（R-PC 工法）（1992 年）

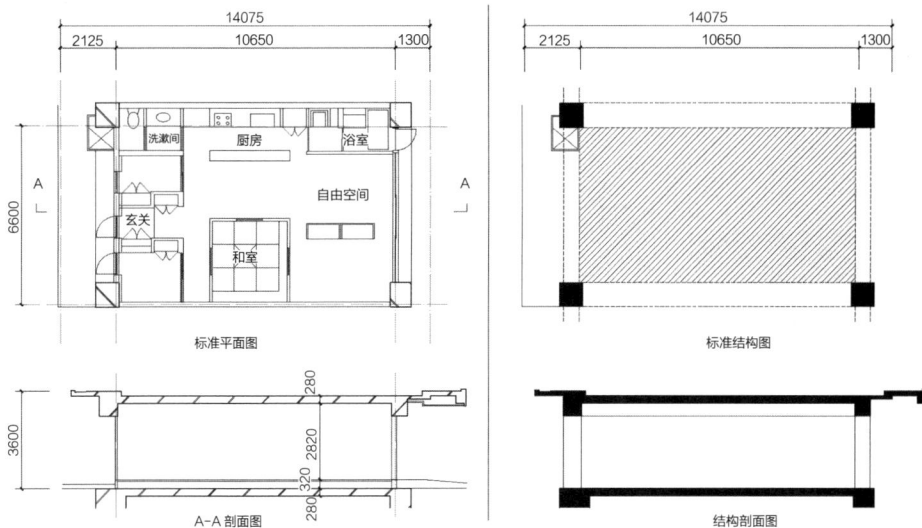

图 4-14　KSI 住宅实验栋（R-PC 工法）（1998 年）

式相比，能够获得更大的跨度和更小的支撑面积，减少了与室内填充体的衔接面，增强了室内填充体的独立性和可变性。此外，在楼板的整合设计方面，还开创了反梁、扁梁等做法，为管线提供了自由走线空间，方便了厨卫功能单元的移动。此时的日本集合住宅支撑体，已形成与内部装修分离，厨卫单元可自由移动的可持续耐久型支撑体体系。

在以 R-PC 为中心的框架剪力墙和框架结构体系日趋成熟后，日本在多层和高层集合住宅中，形成了不同结构类型、不同技术层次的支撑体结构体系（图 4-15）。

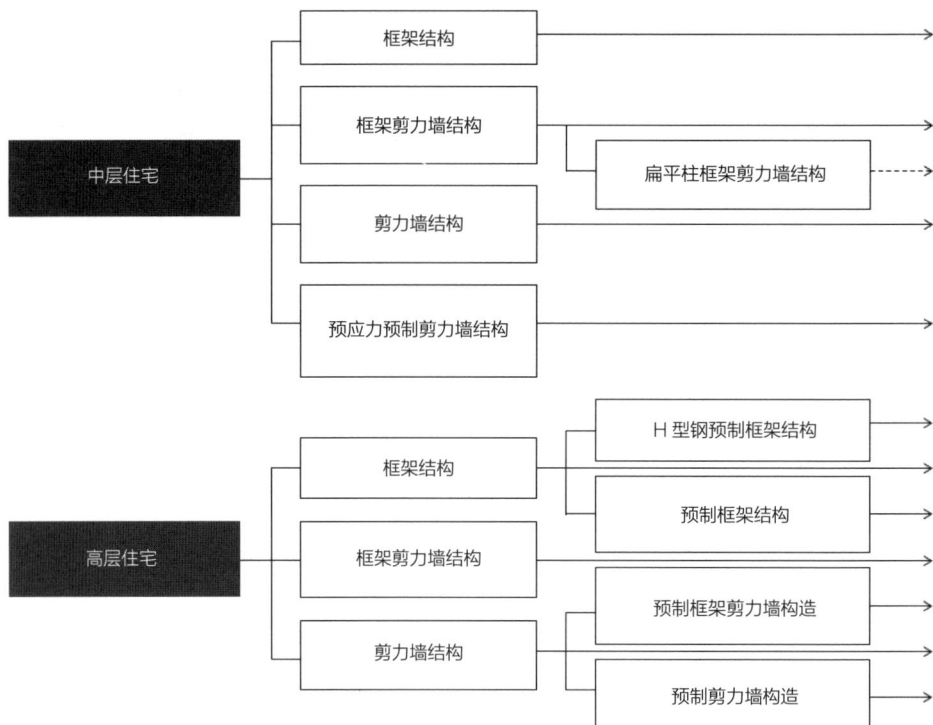

图 4-15 日本支撑体结构形式谱系（持续发展……）

楼板形式

日本在支撑体设计方面，除了结构形式的探索之外，还进行了楼板技术的研发。1960年代，建筑采用的楼板，主要为短边跨度3m左右、厚度为12cm的单板形式。进入1970年代，以躯体合理化为目标，公司和研究部门相继进行了PC楼板、半PC楼板、中空PC楼板等做法的开发。到了1980年代，在技术方面，基本达到了如今的建造技术水平[60]。此后，楼板开发的注意力更多地转移到与管线的分离设计上，相应地出现了同层排水，带高差的楼板形式以及能够提供自由布置管线的双层楼板形式。下面具体阐述楼板的发展演变过程。

1. 满足无障碍要求的厨卫降板楼板

1976年，宾馆里使用的整体浴室①，经过十多年标准部品化的推广后，进入一般的集合住宅中。但由于整体浴室的管线集中在底部，使得浴室内的地面高度高出其他室内空间。为了解决高差，在支撑体设计中进行了能够收纳管线设备的降板处理（图4-16、图4-17）。降板楼板的出现，方便了整体浴室的安装，并且满足了面向老龄住户无室内高差为最终目标的"长寿社会对应式样"住宅②的要求。

2. 面向可持续耐久的全部或局部降板楼板

1990年代，日本开始了以长期耐久化和设备合理化为目标的SI住宅的研发，SI住宅中排水总管汇集到室外集中管井，并通过横向排水管线连接厨卫单元和排水总管（图4-18）。为了实现SI排水方式，日本采用逆梁化等手法开发出了能够收纳横向排水管线的全部降板楼板。这种楼板一方面将管线独立，使管线的维修与更换更加简便，另一方

① 所谓整体浴室，就是包括了顶、底、墙及所有卫浴设施的整体卫浴解决方案。区别于传统浴室，整体浴室是工厂化一次性成型，小巧、精致，功能俱全，节省卫生间面积，而且免用浴霸，非常干净，有利于清洁卫生。整体浴室的概念源自日本，也叫做整体卫浴、整体卫生间。

② 1996年，日本为了适应老龄化的社会，出台了面向高龄者住户的"长寿社会对应式样"，这个式样包括从住户的专用到共用，以及外部构造等各种规定。

降板区域

阳台　　居室　　洗漱间　整体浴室　玄关　　　走廊

居室　　　整体浴室　　排水横管　排水纵管

排气管

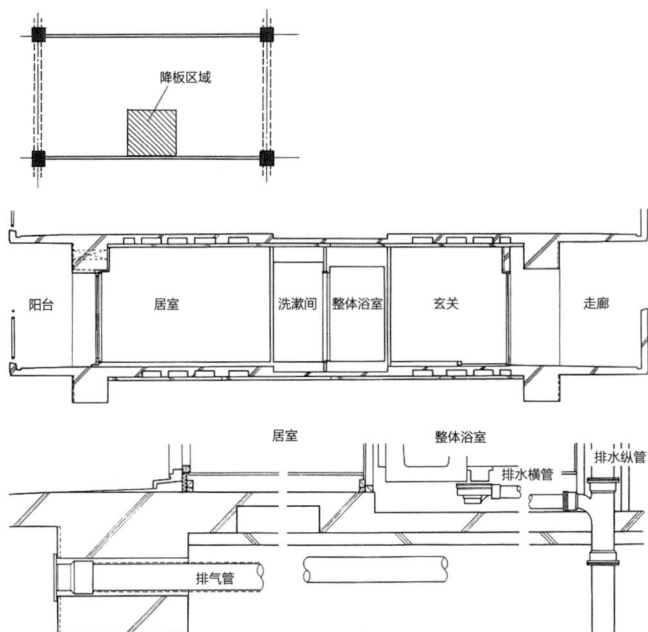

图 4-16　降板处理以及管线布置图之一

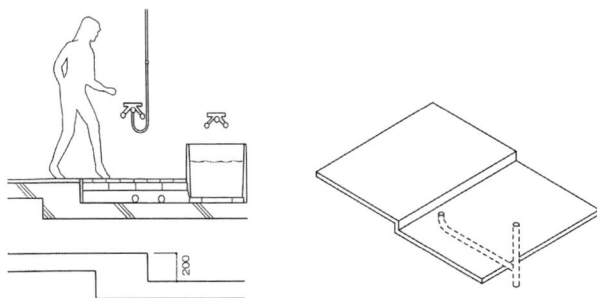

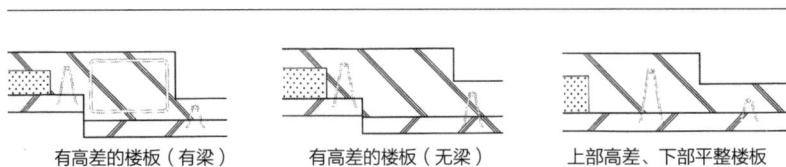

200

有高差的楼板（有梁）　　　有高差的楼板（无梁）　　　上部高差、下部平整楼板

图 4-17　降板处理以及管线布置图之二

图 4-18　楼板的降板处理

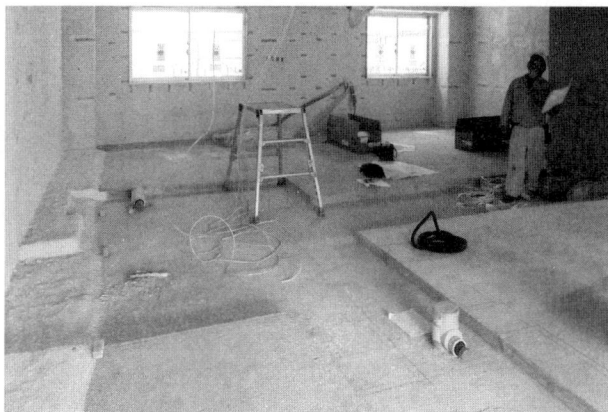

图 4-19　楼板的局部降板处理

面还提高了管线布置的自由度，使卫生间、厨房等单元的位置可变，从而满足了住户多样化的高需求。

但是，这种楼板的采用往往导致层高的增加（图 4-19），促使造价上涨。因此，除了应用在一些实验住宅或高标准住宅以外，普通住宅楼板很少采用全降板，取而代之的是局部降板（图 4-20）。局部降板楼板在可变与造价之间找到了新的"平衡"，有效控制了层高，降低了造价，成为目前日本建造集合住宅楼板的主要类型。

在日本，住宅供给组织及设计师在很大程度上决定了集合住宅的样式。虽然这些集合住宅中支撑体与填充体（内装、设备）明确分离的实例开始少量出现，但由于在造价上的严格控制，一直采用以省略"多余设计"的设计方法和缩短工期的建设模式。在施工方面，通过合理设计混凝土建筑材料的预制化，以及工区分区、作业分区、工程管理等方法，实现了合理的施工流程，但在一般转包出去的内装和设备工程中，施工管理、构法的合理化及部品的衔接，并没有得到详细的澄清[61]。

目前，支撑体、填充体分离的思考方式，在新建住宅的设计、施工中并没有得到很好的应用。但在保证建筑的可持续耐久使用方面发挥了很好的作用。并且以这种思考方式为出发点，日本进行了很多关于填充体部品、可移动家具、可移动隔断等的部品开发。

通常的住宅（无高差楼板）　　　　　　　通常的住宅（局部降板楼板）

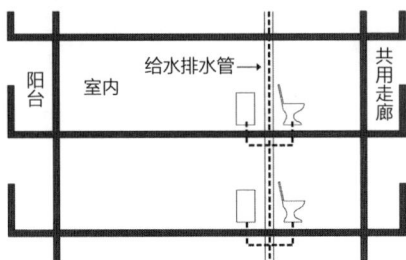

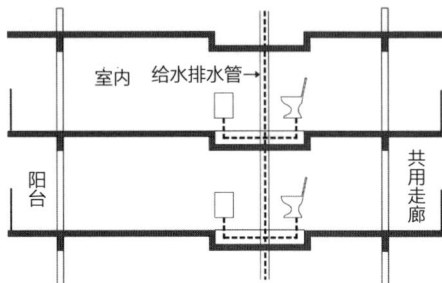

阳台　室内　给水排水管→　共用走廊　　　室内　给水排水管→　阳台　共用走廊

层高 2.90~3.00m　　　　　　　　　　层高 2.90~3.00m

10层　　　　　　　　　　　　10层

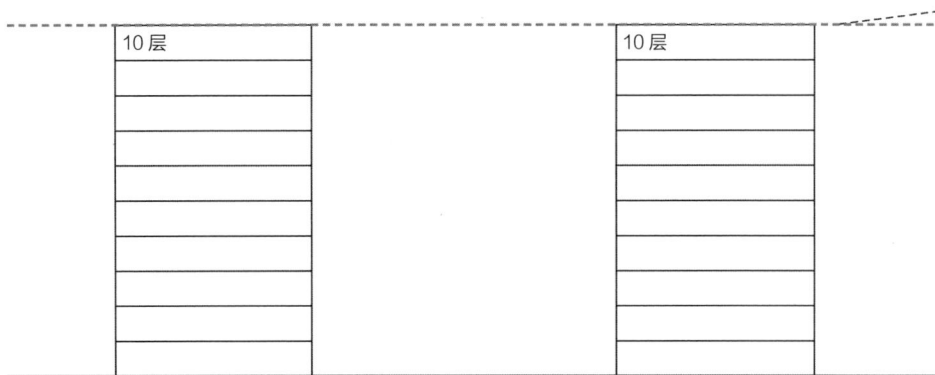

图 4-20　日本多层集合住宅楼板形式

SI 方式的住宅（完全架空楼板）

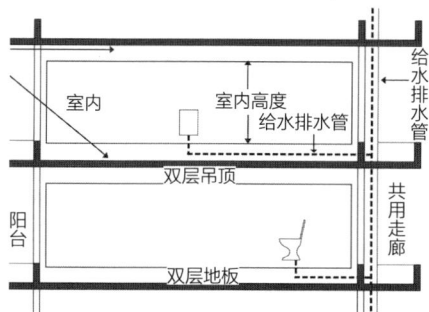

室内

室内高度

给水排水管

双层吊顶

双层地板

阳台

给水排水管

共用走廊

层高 3.20~3.30m

SI 方式的住宅（局部降板楼板）

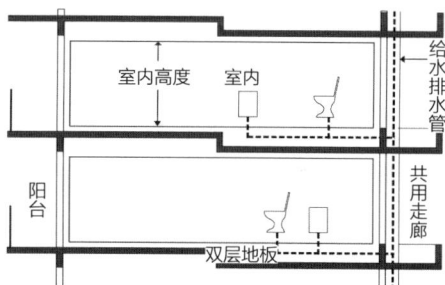

室内高度

室内

双层地板

阳台

给水排水管

共用走廊

层高 3.05~3.15m

SI 方式的住宅，在同一高度的情况下，少建一层

10 层

9 层

SI 方式的住宅（局部架空），在同一高度的建筑上，比完全架空更加经济

10 层

9 层

室内填充体

厨卫单元的部品化

住宅部品是指按照一定的边界条件和配套技术，在现场组装两个或两个以上的住宅单一产品或复合产品，构成住宅某一部位中的一个功能单元，并能满足该部位一项或者几项功能要求的产品。日本市场中流通的部品有两种类型，一种是单一产品组装而成的组合部品，另一种是把各个部品组合为一个整体来使用的整体部品。

1. 面向便利性的组合部品

在"二战"后新生活方式的影响下，公团在厨卫单元的开发中，采用了西洋式坐便器和木造浴缸等产品（图 4-21）。此后，公团开展了运用新材料的部品研发。1960年第一次进行了以部品规格化、施工简略化为主要目标的洗漱部品开发。1970年代，随着生活水准的提高，便利性的需求也不断扩大，大型浴缸、部品化浴室以及洗衣机用板凳等规格制品陆续登场，并且在浴室中，开始设置了淋浴设备。到了1980年，在部品多样和技能充实的背景下，出现了多功能坐便器以及直接循环式浴缸。

2. 面向施工简略化的整体部品

对于厨卫单元来说，部品化、整体化是其最终的目标。1964年，以东京奥林匹克运动会为契机，在日本国内开始了一股宾馆建设热潮。在宾馆的快速建设中，如何提高建造速度和节省劳动力成为人们关注的问题。在此背景下，宾馆建设开始使用提高工程效率的整体浴室（图 4-22）。第一个整体浴室应用于东京都千代田区纪尾井町的商业建筑中。

起初在市场中整体浴室是不流通的、封闭的部品，其购买需要特殊的订货流程，但

图 4-21 公团早期的浴室景象

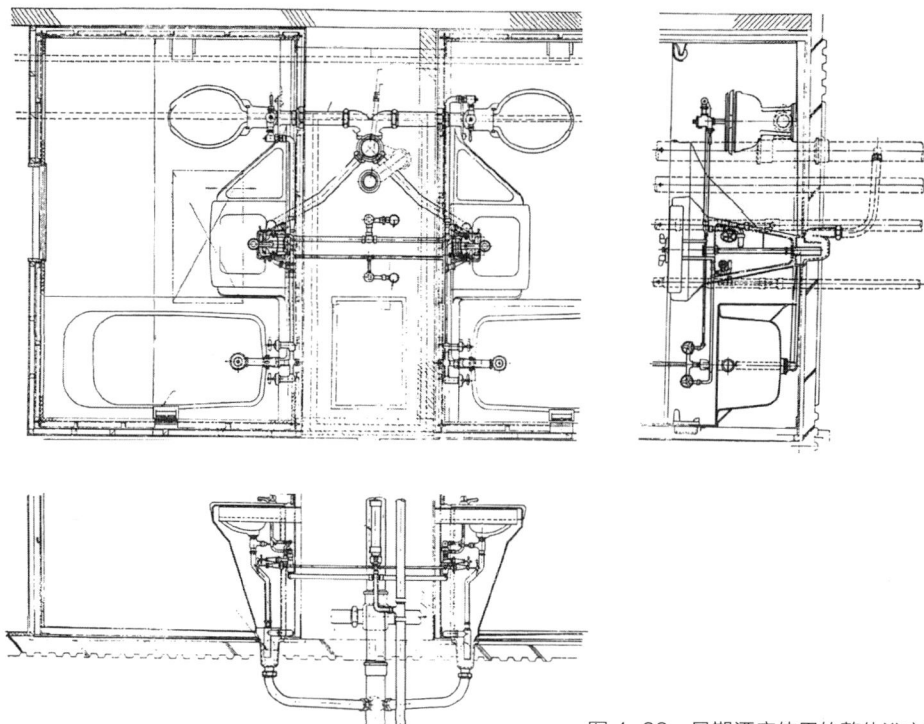

图 4-22　早期酒店使用的整体浴室

是在 1970 年的日本世界博览会宾馆建设潮流中，随着各个宾馆所需要的整体浴室样式、建筑施工及设备施工的职能划分等问题的解决，在宾馆中采用的整体浴室出现在市场，并走向了量产[62]。同一年，日本开始了"住宅用设备单元的构造以及设置的基准研究"，第一次针对集合住宅进行了整体部品的市场化研究。该研究第一年度进行的是浴室的部品化，第二年度进行的是厨房单元的试作。通过多年的努力，1976 年宾馆使用的整体浴室进入了集合住宅，成为当今普遍使用的独立卫浴系统（图 4-23、图 4-24）。到了 1992 年，整体浴室在集合住宅中的供给量超过了曾经主流的传统浴室系统。虽然整体浴室以施工速度快、防水性能好的优点，占据了大部分市场，但是其高度的集成化，限制了住户对整体浴室的选择范围。针对这一问题，一些内装部品公司开发出了多种风格、多种类型的新型个性化整体浴室，在一定程度上满足了住户的个性化需求。

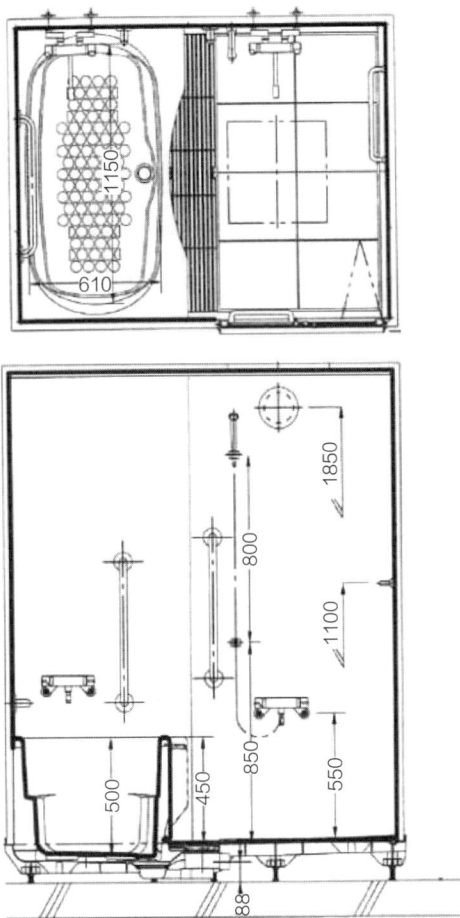

图 4-23　同层排水方式的整体浴室

图 4-24　多功能复合化整体浴室（INAX）

填充体隔墙的系统化

　　随着木工数量的不断减少，部分传统木造隔墙的施工不得不转向工厂生产。1962年，面向住宅量产的几个业界团体成立了日本住宅板产业协同组合（Panekyo），开始量产公营住宅的内装板，这是开发内装板的开始。这种内装隔板在公营住宅和公团住宅中陆续得到应用。第一次板工法的试作是在 1966 年的金町团地中，而正式大面积应用是在 1970 年的 SPH（公共住宅用中层量产住宅标准设计）。但随着满足个性化需求的特殊空间尺度的案例增加，板工法因其标准化规格，在后期实施的项目中并没有得到很好的应用。目前只有在一些实验住宅或者供应量和重复性较大的高层住宅中应用较多。

基于"可变型住宅"思考方式的可移动隔墙：公团 KEP 计划的目标是实现开放部品的系统化，而这个计划还有另外一个令人瞩目的焦点——能够进行居住平面自由变化的"可变型住宅"的思考方法，这是基于居住者的多样化需求而进行的。但回望过去，之前所开发的集合住宅中，并不是完全没有可变型住宅的设计案例。例如，人们定义为机械式提供模式的 SPH 的标准设计中，也进行了以不同居室的构成来适应不同家族的设计方式。这种设计虽然是在入住时满足不同居住者的需求，但其无法满足入住后在使用过程中所变化的需求。

基于上述情况，KEP 开发了可以形成弹性居住空间的可移动收纳隔墙（图 4-25）。顾名思义，这种隔墙具有收纳和隔墙的双重功能，并通过收纳隔墙的移动和重组，可以形成不同的居室空间。可移动收纳隔墙既可以独立使用，也可以与其他隔墙组合使用，具有很高的机动性与灵活性。可移动收纳隔墙是可变型住宅的主要特征之一。

但实际上，KEP 所提倡的可变型住宅的思考方式很难说是成功的案例。1980 年，KEP 经过六年的研究，将开发出来的可移动收纳隔墙应用在了"前野町高地"的集合住宅中。但是在 12 年之后的追踪调查中发现，虽然使用者对可移动收纳隔墙在收纳空间方面给予了肯定评价，但是很少对其进行移动[63]。2008 年，研究者再一次对"前野町 Heights"进行了访问调查。调查结果显示，43 户中只有 7 户进行了可移动收纳隔墙的移动或者变更。另外，被访问调查的 80.6% 的人觉得在日常使用中移动或者变更没有必要，即使对其进行改变，也有 64.7% 的人觉得"并没有觉得有移动的必要性"[64]。

事实上，也有一些居住者试图对可移动收纳隔墙进行移动或者重组。但是作为使用者很难应付其复杂的组装过程，而在依赖于专业人士的情况下，又会面临其需要增添或更换的组件早已在市场上退市的局面，这让实现自由居住平面的美好理想最后以失败而告终。此外，可移动收纳隔墙中存放着多年积累的生活物品，在隔墙移动时需要对其进行复杂而烦琐的搬运和整理，这也是住户很少对可移动收纳隔墙进行移动或

型号	图	尺寸/mm			适用收纳家具的型号	小轮
		D	W	H		
T1		300	860	2500	3,4,5	有
T2		600	860	2500	6,7	有
B1		300	860	2500	1,2	无
B2		300	300	2500	8,9	无

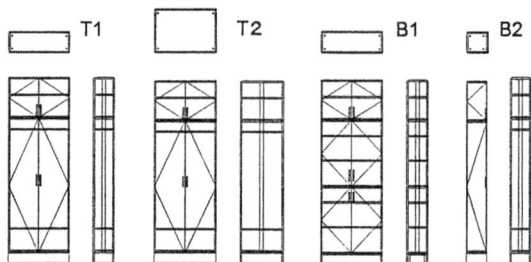

【解体顺序】 拆卸与楼板固定的支撑杆 > 拆卸收纳的门板 > 拆卸连接件 > 设置小轮 > 移动

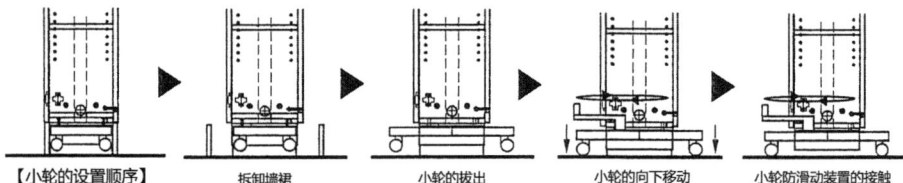

【小轮的设置顺序】 拆卸墙裙　小轮的拔出　小轮的向下移动　小轮防滑动装置的接触

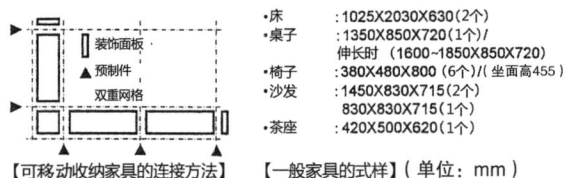

装饰面板　▲预制件　双重网格

【可移动收纳家具的连接方法】

【一般家具的式样】（单位：mm）

- 床　　：1025×2030×630（2个）
- 桌子　：1350×850×720（1个）/伸长时（1600~1850×850×720）
- 椅子　：380×480×800（6个）/（坐面高455）
- 沙发　：1450×830×715（2个）/830×830×715（1个）
- 茶座　：420×500×620（1个）

图 4-25　公团 KEP 可移动隔墙系统

重组的原因之一。另外还有很多住户反映，其单一的设计样式和简单的收藏功能很难满足住户日益提高的生活需求。总之，基于可变型住宅思考方式的可移动收纳隔墙，在长期的使用过程中，其移动和重组的行为并没有发生。由此可以得出一个结论——可变型住宅实际上并不应以部品的可移动性为前提。

综上，日本集合住宅支撑体、填充体演变影响因素及类型演变路径请见表 4-1、图 4-26、图 4-27。

日本集合住宅支撑体、填充体演变影响因素 表4-1

时期	支撑体/填充体	集合住宅萌芽时期（1920年代至1940年）		大量供给时期（1946—1973年）		多样化探索时期（1974—1991年）		再生时期（1992年至今）	
		1920-1930年代	1940年代	1950年代	1960年代	1970年代	1980年代	1990年代	2000年代
社会背景	支撑体	·关东大地震（1923年）·引入混凝土材料	·住房紧缺和劳动力匮乏 ·标准设计的大量开始（1960年代）·日本住宅板产业协同组合成立（1962年）			·1973年石油危机 ·住户需求的多样化 ·采用《新耐震设计标准》·整体部品的采用 ·1991年泡沫经济破灭		·住户需求的多样化与高度化	
	填充体					·实现开放部品的系统化 ·整体浴室开始应用于宾馆建筑			
构法	支撑体	—	·Tilt-Up工法 ·W-PC工法			—		·R-PC工法	
技术	支撑体	·板式多层	—			·KEP ·CHS		·SI ·KSI ·200年住宅	
	填充体		·公营住宅量产内装板（1960年代）			·SPH		—	
设计策略	支撑体	·单元式	·符合快速生产的工业化生产模式			·加大住宅承重开间与进深，尽量减少户内承重墙 楼板与管线相脱离		·支撑体具有高度的适应性，容许自由的平面布局 ·与管线脱离的基础上，为其赋予自由度	
	填充体			·部品规格化 ·施工简略化		·组合部品面向便利性 ·整体部品面向施工简略化 ·隔墙遵循"可变型住宅"思考方式			
结构形式	支撑体	·框架剪力墙（多层）		·剪力墙（多层）		·框架剪力墙/框架（高层/超高层）			
楼板形式	支撑体	·无高差楼板				·厨卫空间降板楼板		·局部楼板	
厨卫部品组合形式	填充体	·单体部品			·组合部品	·组合部品 ·整体部品			
隔墙形式	填充体	·传统隔墙			·传统隔墙 ·板式隔墙	·传统隔墙 ·板式隔墙 ·可移动隔墙			

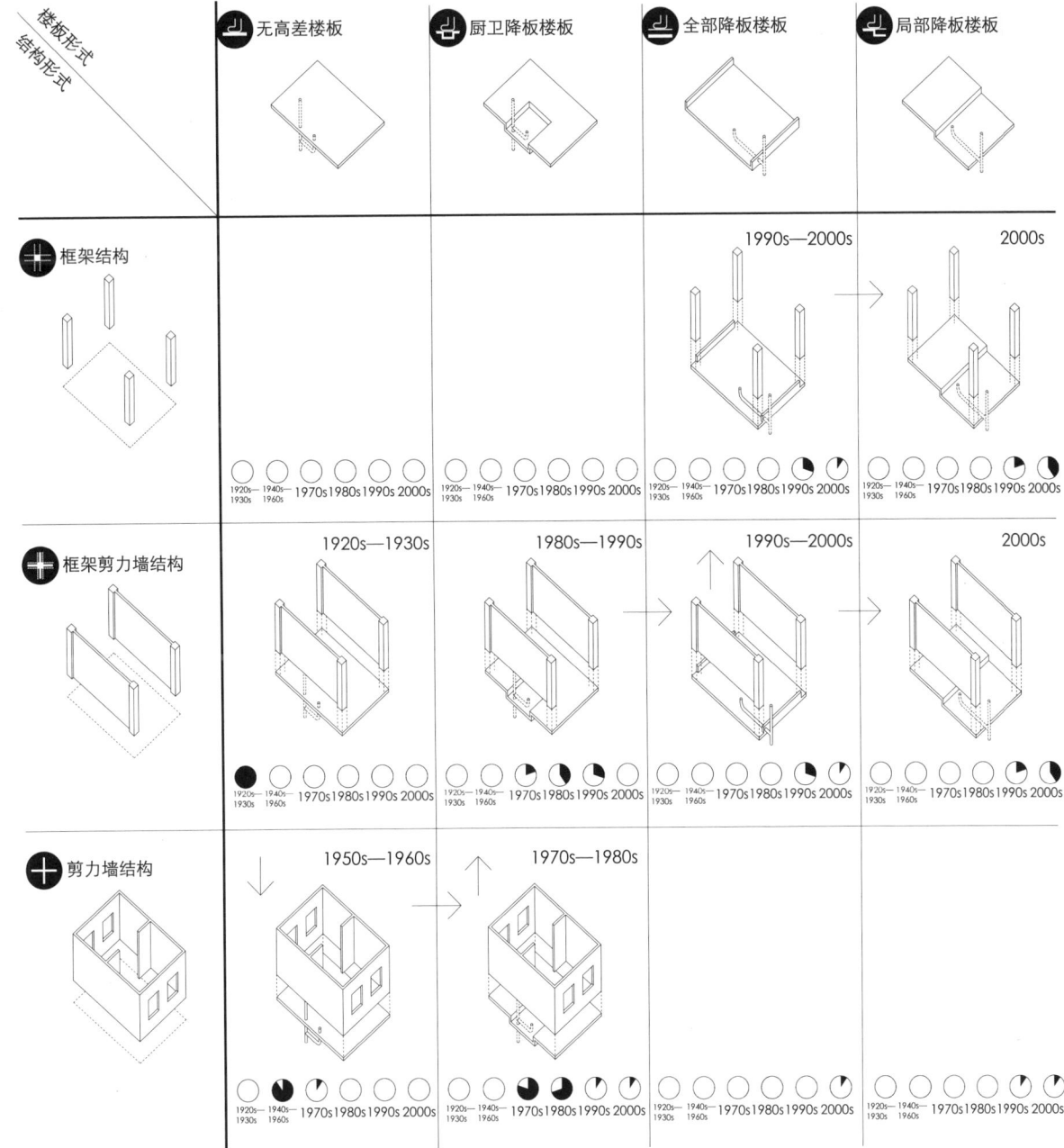

楼板形式 / 结构形式

无高差楼板　厨卫降板楼板　全部降板楼板　局部降板楼板

框架结构　　　　　　　　　　　　1990s—2000s　　2000s

框架剪力墙结构　1920s—1930s　1980s—1990s　1990s—2000s　2000s

剪力墙结构　1950s—1960s　1970s—1980s

图4-26　日本集合住宅支撑体类型演变路径

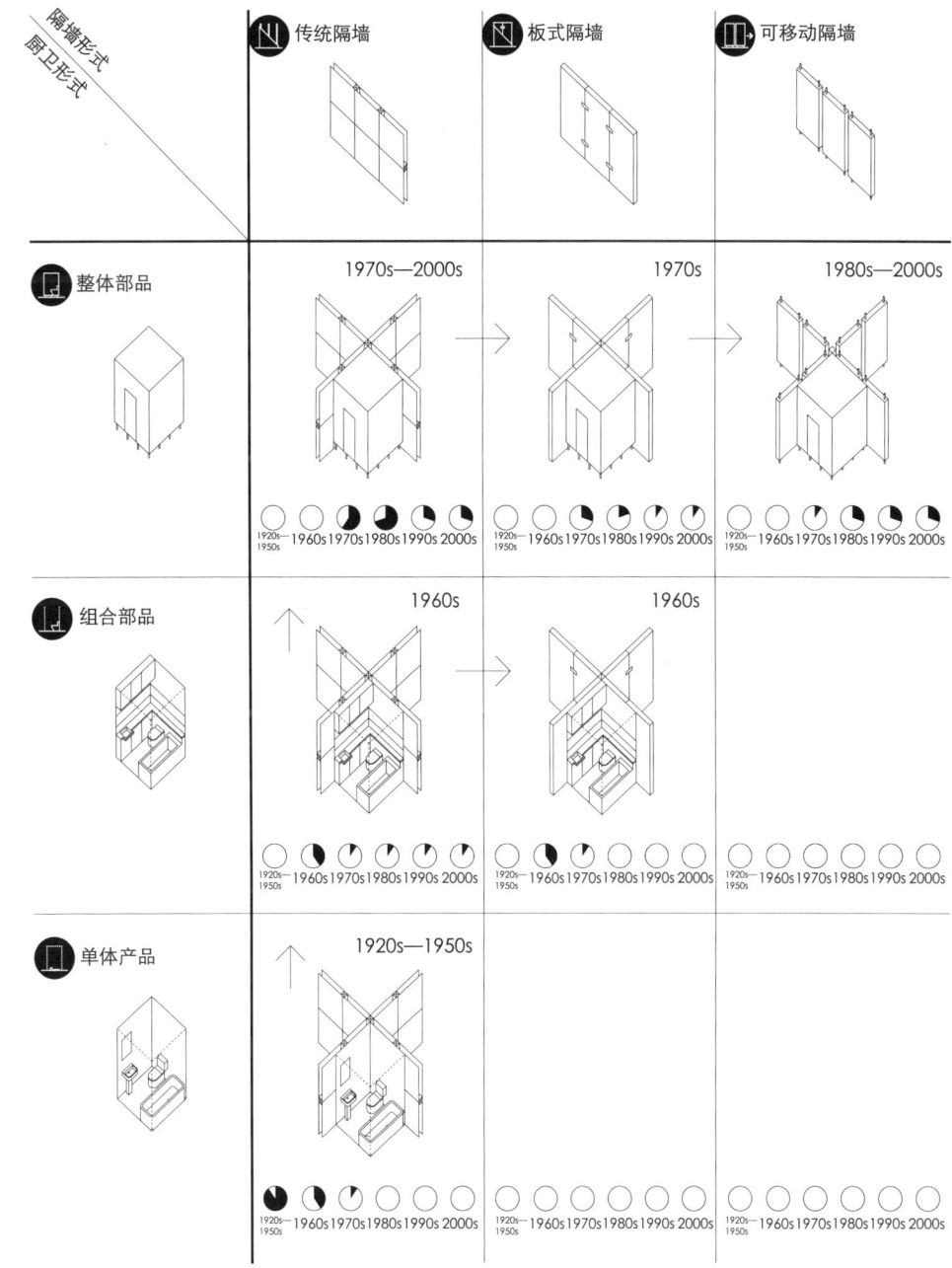

隔墙形式 / 厨卫形式

传统隔墙　板式隔墙　可移动隔墙

整体部品　1970s—2000s　1970s　1980s—2000s

组合部品　1960s　1960s

单体产品　1920s—1950s

图4-27　日本集合住宅填充体类型演变路径

第五章
长期优良型集合住宅设计

基于 SI 住宅的设计策略体系

日本"长期优良住宅"是在"100 年住宅""200 年住宅"之后，以"良好的建造，有序地入住，长久地使用"为口号，以发展有益于库存型社会住宅技术为目标的政府示范性工程。2009 年，日本通过实施《长期优良住宅普及促进法》，以及对所管辖行政厅认定的住宅进行补助等方式，加快了长期优良住宅的发展。长期优良住宅在延续 SI 住宅理念的基础上，通过资金方面的支持，突破了 SI 住宅难以有效控制成本的瓶颈，使普通住宅可以按 SI 住宅方式建造。因此，长期优良住宅的设计理念是与 SI 住宅一脉相承的。

长期优良住宅包括独栋住宅和集合住宅两种类型。其中，针对集合住宅设定了 8 个认定基准项，该基准项包括劣化对策、抗震性、可变性、住户面积、维护管理与更新的简便性、构造本体长期利用的相关性能、计划性的维护管理以及居住环境（图 5-1）。这 8 个基准项是设计长期优良住宅的必要条件，缺少任何一项，将会导致集合住宅无法长久地使用[65]。

新建住宅的设计和施工阶段，运用长期优良住宅的 8 个基准项，对新建住宅进行性能审查，认定该住宅的性能。建立和推广长期优良住宅的认定机制具有以下意义：①能够确

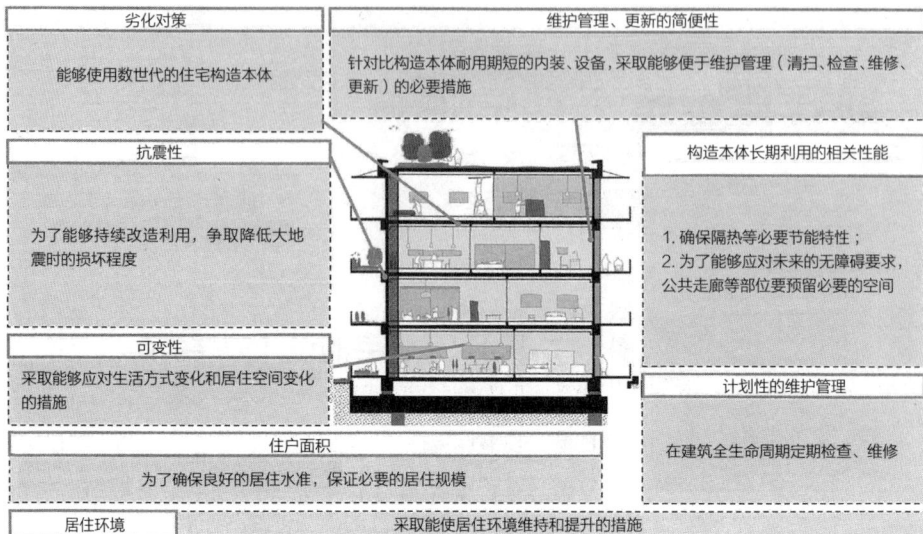

劣化对策	维护管理、更新的简便性
能够使用数世代的住宅构造本体	针对比构造本体耐用期短的内装、设备，采取能够便于维护管理（清扫、检查、维修、更新）的必要措施

抗震性	构造本体长期利用的相关性能
为了能够持续改造利用，争取降低大地震时的损坏程度	1.确保隔热等必要节能特性； 2.为了能够应对未来的无障碍要求，公共走廊等部位要预留必要的空间

可变性	计划性的维护管理
采取能够应对生活方式变化和居住空间变化的措施	在建筑全生命周期定期检查、维修

住户面积
为了确保良好的居住水准，保证必要的居住规模

居住环境	采取能使居住环境维持和提升的措施

图 5-1 长期优良住宅认定基准

保住宅具备二级抗震、最高级别的维护管理以及新一代的保温隔热等基本性能；②能够减免建筑物的购置税、所得税以及延长建筑物固定资产税的减免期；③即使在二手房买卖中，出示长期优良住宅的认定证明，不仅能够提高住宅的整体价值，而且还消除了购房者对住宅性能的担忧；④促进住宅技术进步，加快住宅建设从粗放型向集约型转变，加快住宅产业现代化的进程。

为了将基准方法上升到策略层面，笔者对长期优良住宅的 8 个基准项作了策略化分类：将居住环境和住户面积归纳为居住环境舒适性；将劣化对策、抗震性、构造本体长期利用的相关性能归纳为支撑体长期耐久化；其他 3 个基准项——可变性、维护管理更新的简便性以及计划性的维护管理，分别转化为室内空间灵活化、维护更新简便化以及维护管理计划化，最终共同形成五项包含集合住宅设计和维修两个领域的长期优良设计策略体系（图5-2）。本章主要讨论集合住宅的新建领域，因此，第五项维护管理计划化在此不表。

上述其余四项策略是实现集合住宅可持续发展的必要条件，缺一不可：舒适的居住空间环境可以形成良好的住户交流空间和景观环境；长期耐久的支撑体能够形成对应未来无障碍设计的，长久使用的建筑构造本体；灵活的室内空间可根据居住者生活方式的变化，更新室内的可移动内装和设备；简便的维护管理和更新是指不同使用年限、不同功能、不同性质的构件相互分离。下面将对这四项策略进行阐述。

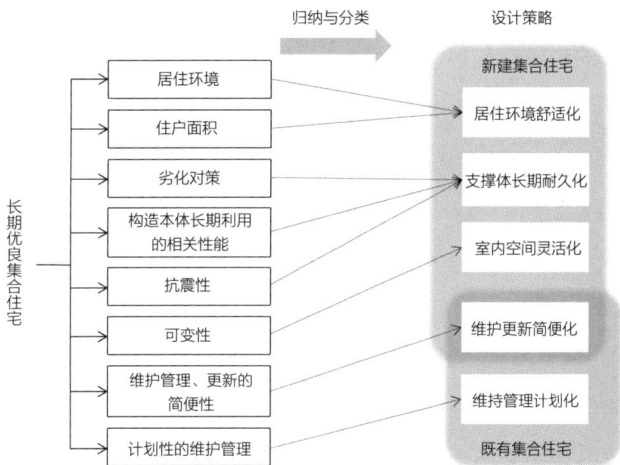

图5-2　长期优良住宅设计策略

策略一：居住环境舒适化

居住环境按照空间领域可分为居住外环境和居住内环境。本文的居住外环境是指人们在住区外部所处的环境条件，是由住栋所界定出来的自然环境和人工环境。影响居住外部环境的因素较多，例如住区布局、开放度、高度、景观植物等。其中，住区布局和开放度是居住外环境设计中较为重要的影响因素。另外在居住内环境方面，由于每个居住者的家庭构成、喜好不同，很难从户型的形式来评价居住的舒适性。相比之下，室内面积和朝向是住户选择住宅时考虑的主要因素，也是影响居住质量的关键因素，因此，居住环境的优劣与面积和朝向息息相关。

住区布局

战后的日本住区设计，是以重视日照性能的行列式为一般理念进行的。行列式虽然在日照上能保证居住平等，但单一性的住区空间，无法给住户带来丰富的空间感受。因此，日本在反思行列式的基础上，提倡了能够形成街区的围合式布局。这种布局通过连续住栋形成了完整的沿街面，为城市创造出了良好的街道空间，同时在住栋内侧形成围合的空间感受，为居民提供了相对封闭和安静的交流场所。面向道路一侧的底层还可以引入商业设施活跃街区，有利于营造住区功能与城市机能相互交融的具有生活魅力的居住环境。这种围合式住区布局形态，在日本的一些城市型住区（如千叶县的幕张新都心、东云住宅公团）中被广泛采用（图5-3）。

图 5-3　幕张新都心住区

　　值得注意的是，在任何基地环境下，围合式布局并不能证明其形式优于行列式布局。尤其在日照问题上，围合式布局中的一部分拐角房间是无法采光的。但从打破平均主义和摆脱单一空间的角度来看，围合式布局可以作为今后城市住区布局设计的一个重要方向[27]48。

开放度

　　这里的开放度是指一个人从一个户型的窗户向外眺望时的开放程度，具体表现为视野的开放程度。通常情况下，越开阔的景观视野给人带来的感官感受越舒适。而能否形成开阔的室外空间，与住区布局形态、层高等因素相关。日本是地少人多的国家，在密集的城市区域中，要想实现良好的开放度并不是一件容易的事情。一般是通过增加工程预算，提高建筑高度，以摆脱周围建筑的方式来实现良好的开放度。因此，具有良好开放度的集合住宅被贴上了"奢侈品"的标签。在一些日本的集合住宅中，即使出现只注重开放度，不注重日照的情况也不足为奇。

在日本东云公团的住区设计中，由于采用14层高密度围合式布局，产生了很多日照时间不足一小时的户型。在这种情况下，东云公团住区将开放度作为评价环境质量的一个重要指标，并通过住栋的巧妙组合，让缺乏日照的房间拥有良好的开放度（占整个住区的20%），以此保证缺少日照的户型的综合居住品质。在东云公团空间环境评价中，将开放度的评价等级分为四个级别：0~15m、15~25m、25~50m以及大于50m（图5-4）。

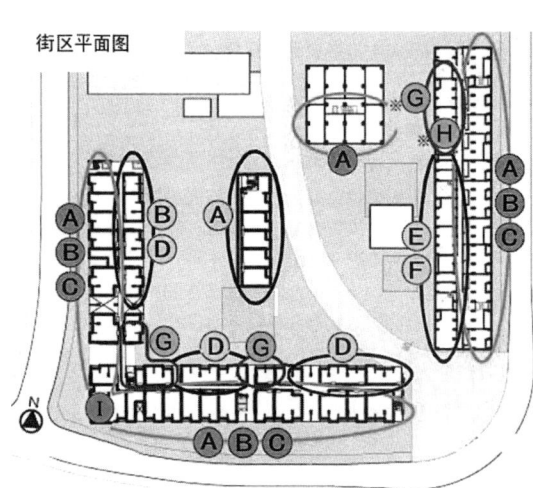

日照时间 开放度	2h以上	1~2h	0~1h	0h
50m~	I 65%		II 20%	
25~50m			IV 11%	
15~25m	III 2%			
0~15m				V 2%

户型	性能指标	日照	开放性	大开间	露台	景观	住户类型	人数
A	I	○	○			○	单身女性	1
B	I	○	○		○	○	夫妻+孩子	2+1
C	I	○	○				夫妻	2
D	II	○		○		○	单身男性	1
E、F	IV		○	○		○	夫妻+老人	2+1
G	V		○	○	○		单身白领	1
H	III	○		○			兄妹	2
I	I	○	○			○	夫妻+父母	2+2

图 5-4　注重开放度的东云公团住区

室内面积

室内面积是影响居住舒适性的重要因素之一。足够的居住空间有利于完善和保证住宅各项功能，使住户正常生活。在日本的长期优良住宅中，为了确保良好的居住水平，提出了集合住宅室内面积满足 $45m^2$ 以上的要求，这个要求是以两个人的标准进行计算的。而日本 70% 以上的住宅套内实际面积都在 $65~80m^2$ 之间（日本住宅室内面积按套内实际面积计算）[35]24，大多超过了 $45m^2$ 的要求。

朝向

户型的良好朝向不仅可以得到更充足的阳光，还能保证良好的景观视野。因此，朝向一直是住户选择住宅时关注较多的因素之一。良好朝向受住区布局形式、平面形式以及交通形式的影响。

日本进入"二战"后复苏阶段，在住宅建设中推崇了以日照性能为主的规划设计，出现了很多南北朝向住宅。这个时期的多层住宅，由于采用单元式交通形式，拥有景观视野较好的南北两个朝向。进入 1970 年代，针对日本建筑消防法中苛刻的防火疏散规定、抗震结构限制以及电梯运营成本的控制，集合住宅开始采用廊式交通形式。廊式交通打消了人们在北侧窗台眺望室外景观的美好愿望，此外，在一些进深小的户型中，由于厨卫单元布置在走廊一侧，北侧朝向的概念也就基本没有了。可以说，目前日本大多数住宅都只有一个朝向，这是一个不小的缺陷。

虽然在这些只有一个朝向的住宅中，通过采用高气密性门窗和主动换气设备，某种程度上提升了住宅的整体性能，但在人与自然共生的层面上，两个朝向的住宅比起一个朝向，在景观感受、日照通风等方面都更具优越性。

策略二：支撑体长期耐久化

支撑体是由建筑师、工程师和投资者等专业人士共同决策而产生的居住产品。虽然只是一个骨架，但它是一个已完成，并能够立即使用的建筑体。哈布拉肯教授提出，"支撑体是房屋的基本结构，住宅就建在其中。每一家住房内部的装修、变动或拆除均可独立进行而不牵连别人"。在住宅建设过程中，首先完成支撑体，随后住户可根据需要选择和确定适合的填充体，并用这些填充体在自己的支撑体中灵活安排自己的住宅并最终完成住宅的建造。所以支撑体设计是开放住宅设计的第一步，也是整个工程设计的关键，其重要性主要体现在以下 3 个方面：

①影响住宅外观形式以及城市肌理；

②决定建筑的耐久与安全；

③影响室内空间的划分与使用。

根据对日本 SI 住宅支撑体设计的总结，可以发现，影响支撑体性能的主要因素包括支撑体的强度、耐久性、楼板的厚度、层高以及跨度。

支撑体的强度与耐久性

2006 年 6 月，日本建设省提出"200 年住宅"计划。在这个计划中，针对支撑体提出了 200 年以上的耐久性与抗震性的要求，而一般钢筋混凝土的耐久年限为 60 年左右[66]23。经过长期的探索发现，增加钢筋混凝土的钢筋保护层厚度（即最外层钢筋外边缘至混凝土表面的距离），防止钢筋不被锈蚀是提高钢筋混凝土耐久性，延长其使用年限的最有效的

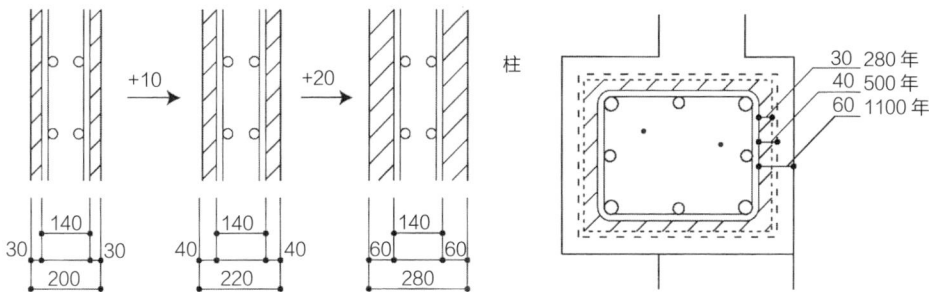

图 5-5　不同厚度的钢筋混凝土保护层的耐用年限对比（单位：mm）

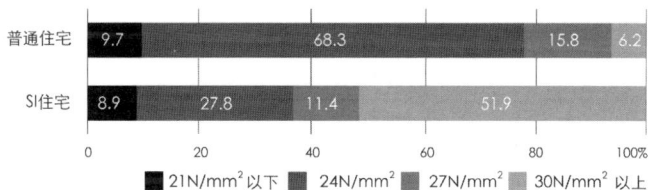

图 5-6　日本普通住宅与 SI 住宅的结构强度对比

方法之一。经研究表明，30mm 的厚度，能达到 280 年的使用年限，而 40mm 可以达到 500 年（图 5-5）[67]。此外，还可以通过改变混凝土中的水性水泥配比和配筋设计，来增加支撑体的强度和耐久性。根据此类方法建造的 SI 住宅，其支撑体强度明显高于普通住宅（图 5-6）。

楼板的厚度

　　楼板在整个建筑结构体量中所占比例较大，在 30%~50%。楼板的厚度每增加 1cm，结构自重随之增加 1%~2%[68]。因此，在支撑体设计中，楼板厚度对结构体的自重和造价的影响不可忽视。日本早期集合住宅的楼板厚度为 120mm。此后楼板厚度持续增加，目前很多 SI 住宅的楼板厚度都超过了 200mm。楼板虽然在自重和造价上有所提高，但它提供了 SI 住宅所需要的性能：能够隔绝楼板的撞击声，减少水区域的噪声；为住户提供平整的室内空间 [69]。

层高

层高是由楼板结构高度和室内净高组成。在一定范围内，层高影响着居住的舒适性，甚至有时候还决定着既有集合住宅是否需要拆除。日本在大量供给时期，为了降低造价，建造了大量低层高的住宅。在使用过程中发现，这些住宅的层高已无法满足现代居住的使用需求，急需对其进行改造。然而，层高是支撑体中最难改的部分，不仅在技术层面上难以进行，而且在操作层面上，也会遇到上下两户难以达成共识等问题。因此，在某种程度上，层高代表了支撑体的主要性能，层高越高，越能够适应未来日益提高的居住需求，也越能够长期可持续使用。

纵观历史发展，日本集合住宅层高的浮动在 2.65~3.6m（图 5-7），这些层高是随着建设年代的推移而提高的。都市再生机构在 KSI 住宅开发中曾提出，超过 3m 的层高是 SI 住宅的一个基本标准。按照这一标准，目前 SI 住宅的层高普遍

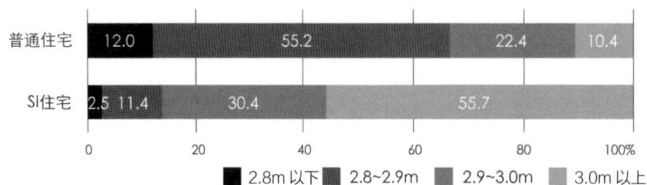

图 5-7　日本普通住宅与 SI 住宅的层高对比

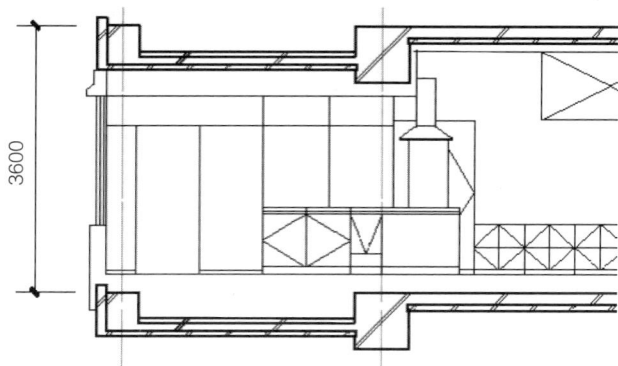

图 5-8　未来型实验住宅"NEXT 21"剖面图

高于以前的住宅。在一些特殊实验住宅中，层高甚至达到了
3.6m（图 5-8）。从这些变化中可以看出，长期耐久型集合住
宅倾向于高层高的追求。

楼板的跨度

1960 年代，在当时现浇技术的条件下，一般采用短边
跨度 3m 的楼板（在 6m 跨度之间设置小梁）。1960 年代后
期，随着混凝土泵送技术的普及和建筑本体设计施工的合理
化，在不增加楼板厚度的前提下，开发出了短边跨度超过
5m，并且没有小梁的整体楼板。但这种楼板在此后的使用
中出现了变形等问题。于是，在 1970 年代，日本建筑学会
开始研发以提高本体耐久性为目标的梁与楼板一体化的新型
楼板（图 5-9）。这一楼板经过多年的演变，目前已发展成
跨度为 7.5~9m，厚度在 200mm 左右的大跨度无梁中空楼板
（图 5-10）。这种楼板在长期优良住宅中被大量采用。

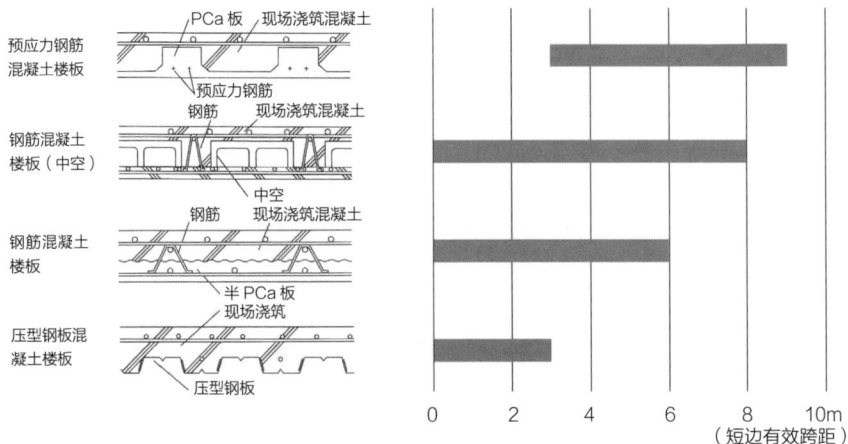

图 5-9　日本各类楼板形式的跨度应用范围

预应力钢筋混凝土楼板
钢筋混凝土楼板（中空）
钢筋混凝土楼板
压型钢板混凝土楼板

PCa板　现场浇筑混凝土
预应力钢筋
钢筋　现场浇筑混凝土
中空
钢筋　现场浇筑混凝土
半PCa板
现场浇筑
压型钢板

0　2　4　6　8　10m
（短边有效跨距）

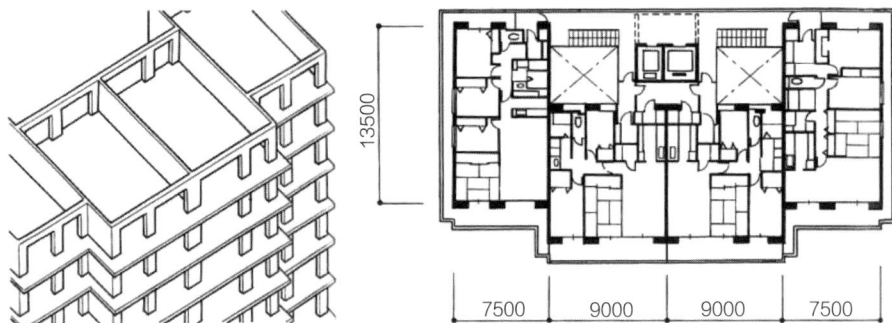

图 5-10　集合住宅大跨度楼板案例

13500

7500　9000　9000　7500

策略三：室内空间灵活化

　　室内空间灵活化是 SI 住宅的主要特征。室内空间的灵活度是通过填充体（室内装修构件）的移动来实现的，而填充体的移动又受到支撑体的约束。因此，室内空间的灵活度与支撑体和填充体有关。

　　支撑体是填充体的上一层级，是填充体的决定要素。支撑体的设计很大程度上决定着填充体的安装效率和移动性能。为了实现室内空间灵活化，支撑体设计需要满足：

①不能阻碍填充体的自由移动；②为填充体提供无柱梁凸起的平整空间。在具体设计上，应考虑梁与楼板和柱子与墙体的整合设计。

另外在填充体方面，室内空间灵活化设计，需要填充体形成与支撑体相脱离的、可以独立存在的以及适应生活需求变化的"可移动内装"系统。可移动内装系统包括可移动隔墙和可移动收纳隔墙。

梁与楼板的整合

在传统的楼板设计中，需要小梁来支撑楼板。这种做法往往使室内出现凸出的梁，不仅影响了美观，还降低了室内层高。面对这一情况，SI住宅在梁与楼板的整合设计方面，提出了以下5种手法（图5-11、图5-12）：

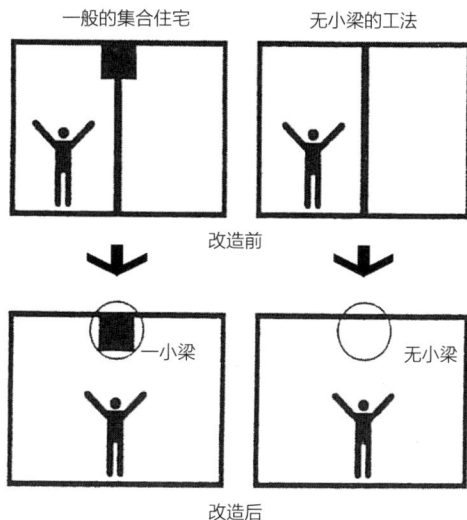

图 5-11 梁与楼板整合的概念

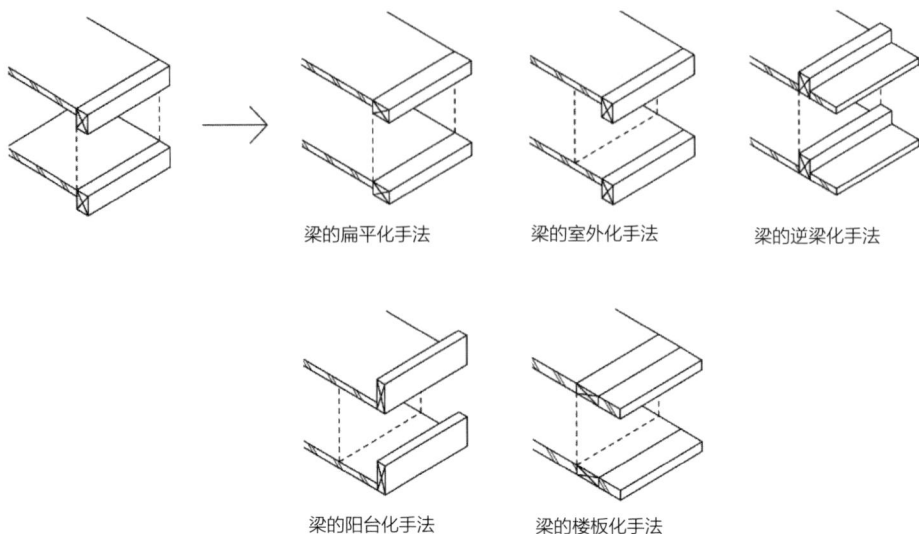

梁的扁平化手法　　　　　梁的室外化手法　　　　　梁的逆梁化手法

梁的阳台化手法　　　　　梁的楼板化手法

图 5-12　梁与楼板的整合手法

①梁的扁平化手法。在将梁的高度变小的同时，将其宽度扩大。这种手法虽然增加了钢筋量，但能使室内净高变高，具有很高的应用价值。

②梁的室外化手法。将梁的位置移到阳台的一端，使梁脱离于室内空间，从而增加了室内层高。

③梁的逆梁化手法。这是 SI 住宅支撑体的显著特征之一，这种手法的优点有：逆梁和架空地板形成的夹层空间为管线的敷设提供便利，为楼下的室内空间提供平整的顶棚。

④梁的阳台化手法。将横梁隐藏在阳台壁中，从而实现室内空间的无梁化。这是梁的室外化与逆梁化手法的结合。

⑤梁的楼板化手法。这个手法是在梁的扁平化手法的基础上，进一步压缩梁的高度，同时加厚楼板，使梁与楼板的厚度一致。这种手法由于没有凸出来的梁，容易形成平整的居住空间，有利于室内移动隔墙的自由变换，并且还解决了梁阻碍设备走线的问题。此外，由于这种楼板的厚度能够达到 300~350mm，从而提高了上下楼层的隔声效果，但该手法的造价普遍较高。

柱子与墙体的整合

通过支撑体设计提高住宅平面自由度的最理想的方式是：尽量减少柱子的数量，缩小柱子的截面尺寸。但是减少柱子的数量意味着楼板面积的扩大，柱子变粗，因此柱子的数量与截面尺寸是呈反比关系。SI 住宅的设计，越是高层和大跨度建筑，使用剪力墙就越合理，柱子数量的减少和尺寸的缩小可以通过剪力墙来实现，但剪力墙是平面自由度的最大障碍，这又与提高自由度相矛盾。因此，在支撑体设计过程中，根据住宅形式，框架和剪力墙需要保持适当的平衡。

目前日本集合住宅建筑大部分为框架或框架剪力墙结构。这种结构也会使室内出现凸出的柱子，影响美观和实用性（图 5-13）。在一些 SI 住宅中，对柱子的阳台化（图 5-14）和形状的改变，解决了因柱子凸出而无法安放家具等问题。

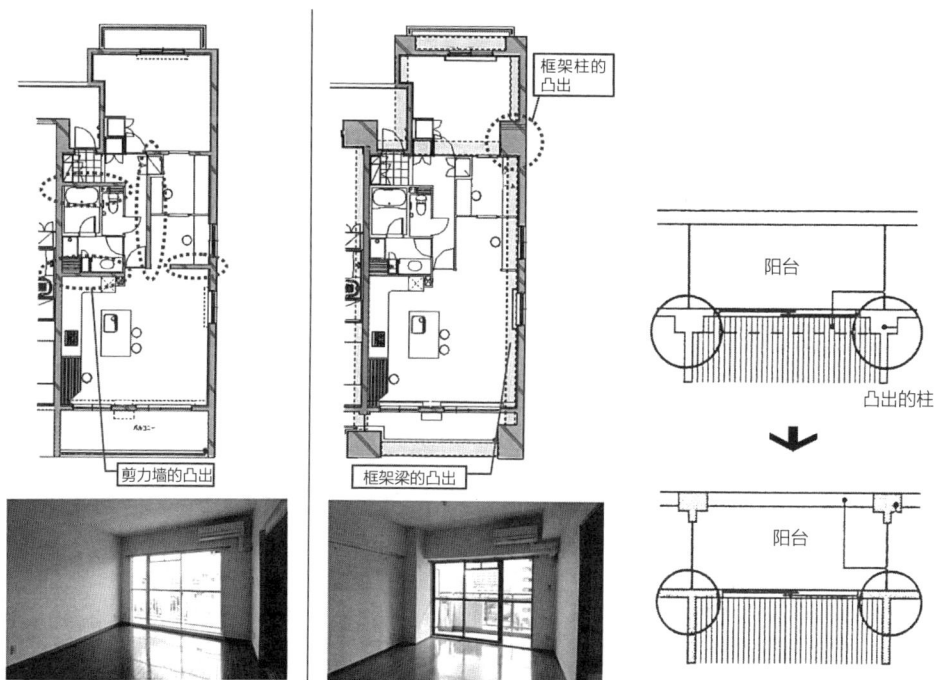

图 5-13 剪力墙结构与框架结构对室内空间影响的对比　　图 5-14 柱子与墙体分离

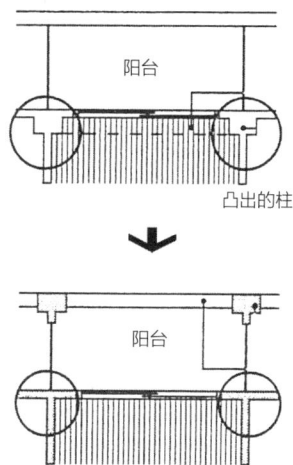

厨卫单元系统

想要实现室内空间灵活度的最大化，不仅生活空间应灵活可变，厨卫单元也要实现可自由变化。在传统的集合住宅设计中，由于管线位置固定，卫生间、浴室、厨房等厨卫单元的位置是无法改动的。如果想要实现厨卫单元的可移动，需要满足两个条件：①排水管线的自由可变；②厨卫单元与支撑体的相互脱离。在与其他构件相互脱离的问题上，随着整体浴室的普及，这一问题在日本已被很好地解决了。虽然整体浴室开发的目的是提高装配速度和施工质量，但它在一个空间内集成顶、底、墙以及所有卫浴设施的工业化生产模式，在建造阶段已经与支撑体相互脱离了。因此，这种整体浴室在使用过程中，只要排水管线能够自由移动，就可以改变整体浴室的位置（图5-15），进而实现室内空间的灵活化。

图5-15 与支撑体相脱离的整体浴室

可移动收纳隔墙系统

1974年的公团KEP计划，在参考"可变型住宅"理论的基础上，开发出了可移动收纳隔墙系统。这种隔墙系统具有可拆卸和灵活移动的功能，可使住户自主对其进行操作，帮助住户实现户型平面的可变性。这种系统的出现，颠覆了由专业施工人员进行内部改造的传统观念。

此系统包括可移动隔墙板（有配线功能的隔墙和无配线功能的隔墙）、可移动橱门（单扇门和双开推拉门）、可移动收纳家具等（图5-16）。这些系统从属于一个模数体系，能够互换和组合使用（图5-17），并且这些系统还通过"地板先行工法"的开发（图5-18），实现了

	可变隔墙板	可变橱门（单扇门）	可变橱门（双开推拉门）	可移动收纳家具
松下电工				

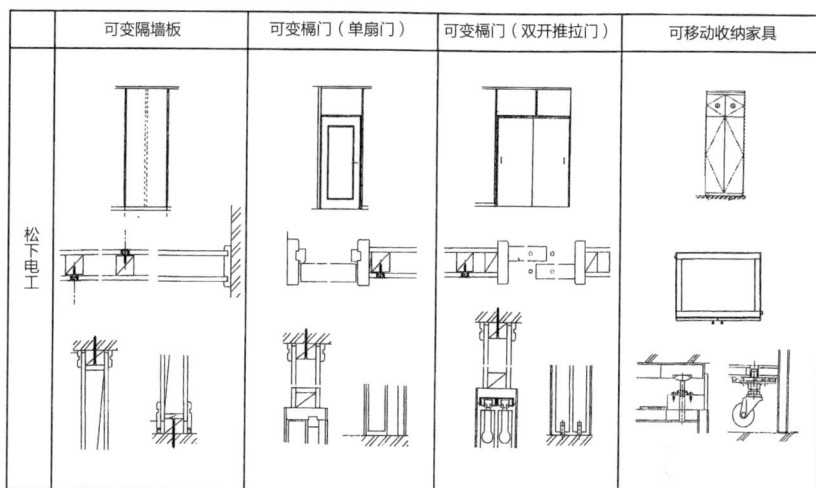

图 5-16　Flex Court 吉田中使用的可移动收纳隔墙系统

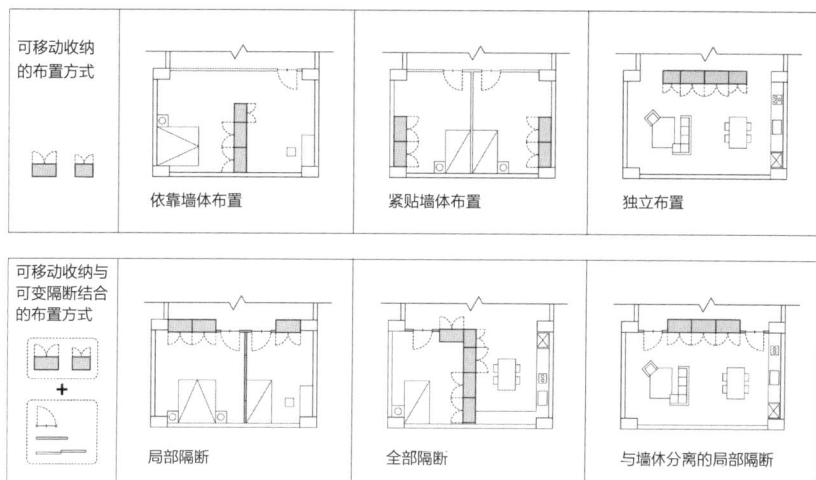

可移动收纳
的布置方式

依靠墙体布置	紧贴墙体布置	独立布置

可移动收纳与
可变隔断结合
的布置方式

局部隔断	全部隔断	与墙休分离的局部隔断

图 5-17　可移动收纳家具的布置方法

在支撑体中的简单移动[70]。此外，一些可移动收纳隔墙系统是带有配线和设备的，但是这些配线和设备在移动过程中容易引起很多麻烦，因此配线和设备一般设置在固定的内部墙体中[71]。

图 5-18　KSI 研发的地板先行工法

策略四：维护更新简便化

住宅的性能保证着居住的品质。但随着时间推移，住宅性能慢慢减退，一旦减退到无法保证基本居住需求时，住宅的寿命也结束了。因此，为了延长住宅寿命，在使用过程中定期维护和更新以保证住宅的基本性能是最有效的方法之一。

由于在住宅中基本内装的耐久期限最短，因此定期的维护和更新主要围绕基本内装而进行。基本内装主要包括"内箱"方式、排水管线、给水管线以及电气配线。

"内箱"方式

"内箱"方式是指支撑体完成后，在其内部针对楼板、顶棚和墙壁进行的二次饰面装修。"内箱"方式主要包括架空地板、双层墙壁以及吊顶（图 5-19）。"内箱"方式最早是在 1980 年的 CHS 百年住宅系统中出现，并在此后的 SI 住宅中被广泛应用（图 5-20）。"内箱"方式具有以下优点：

①能够很好地隐藏管线设备和隔热材料；

②可以矫正支撑体在浇筑过程中产生的误差；

③能够确保良好的隔热性和隔声性；

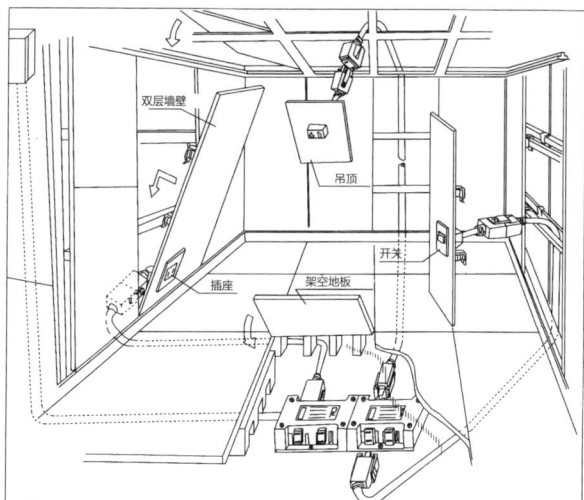

图 5-19 "内箱"方式概念图   图 5-20 新建住宅中采用的
                              "内箱"方式

④根据居住者的喜好，可以更改饰面的色彩、质感等。

虽然"内箱"方式具有诸多优点，但为了节省造价和扩大室内空间，在大多数情况下采取了简化的"内箱"方式。比如，将电线预埋于楼板或者墙壁中，形成无吊顶的顶棚和直面墙壁。即使在高级 SI 住宅中，也往往出现不同程度简化的"内箱"方式。而考虑到横向排水管线的敷设和无高差无障碍设计的要求，在大部分住宅中并没有省去地面架空的"内箱"方式。

在公团的 KSI 长寿命住宅开发中，使用了架空地板系统（图 5-21）（日语中称之为"二重床"）。这种系统与日本早期住宅的架空地板相似，主要利用楼板和架空地板之间所形成的空间收纳管线与设备，方便日后的维修和改造。这种系统目前已成为日本 SI 住宅的典型特征。通过近几年的发展，日本市场上出现了一些专门制作架空地板系统的厂家，并通过与研究所的合作开发，有效控制了成本，同时还进一步提高了楼板系统的隔声、抗震、强度以及施工便利性等性能。目前这种系统已成为集合住宅必不可少的楼板做法。

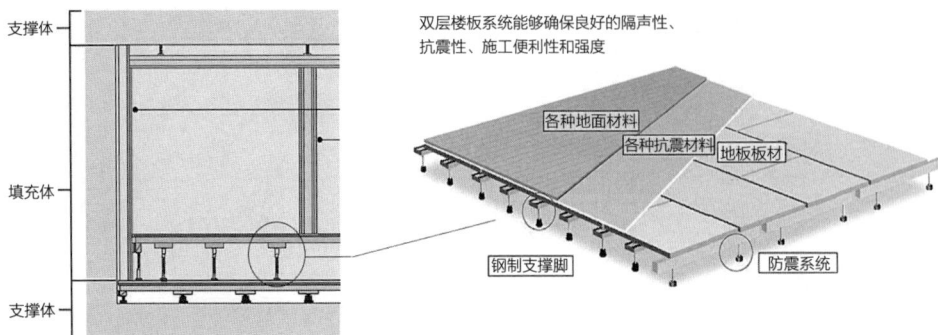

图 5-21　架空地板系统

排水管线

　　在集合住宅中设有给水、排水、空调、排风等各种管线。这些排水管线的设计在很大程度上决定了管线的维修和更新效率。

　　在日本传统的集合住宅中，很多排水立管都被设置在户型的中间位置，这种做法使工作人员在维修时需要进入室内，影响了住户的正常生活。

　　但在 SI 住宅中，通过室外化处理排水管线和将立管汇集到走廊一侧的公共管井（图 5-22、图 5-23），避免了人员进入室内维修，从而提高了维修效率（图 5-24）。

　　另外，住宅的大部分排水方式是重力排水。为了防止管线堵塞，坐便器的排水横管需要保持一定的排水坡度。最初的排水横管坡度采用了 1/50，但是这个坡度在高度有限的架空地板中，使排水横管无法到达较远距离。此后，KSI 通过一系列的实验，验证了 1/100 的排水坡度在排水顺畅上的有效性[72]，从而延长了横向管线的敷设距离，提高了卫生间布置的自由度。目前，在一些高级住宅中，还出现了压力冲水的坐便器。这种坐便器的排水横管无需保持一定的坡度，这意味着坐便器可以设置在室内的任何一处。

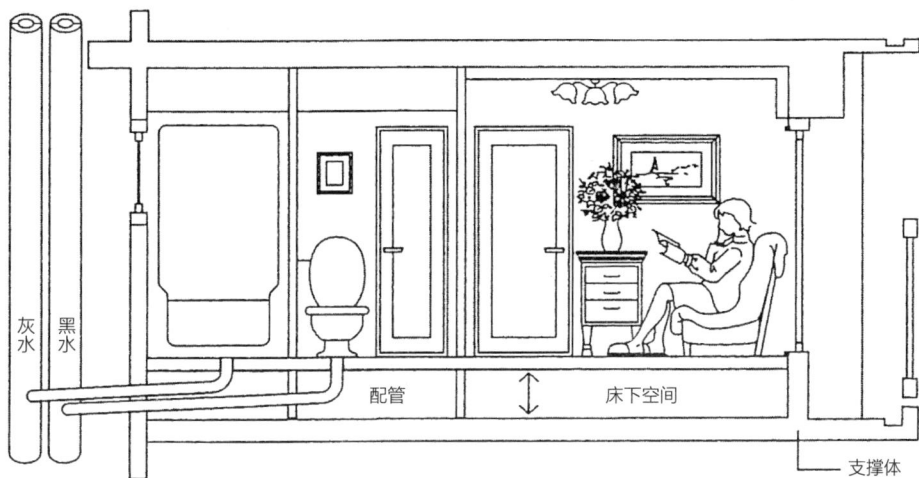

灰水 黑水

配管　　　床下空间

支撑体

图 5-22　SI 住宅的排水方式

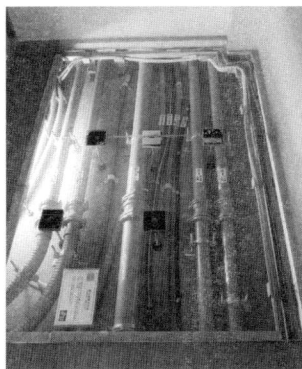

图 5-23　排水集结器

图 5-24　KSI 管线系统

给水管线及电气配线

在传统的日本集合住宅中，电线往往预埋于结构体中。这种做法使得当电线达到耐久年限时，需要对结构体进行"大开刀"，间接地破坏了结构体的完整性，消耗了大量的社会资源。CHS 开发出了"内箱"方式，提供了收纳电线的空间，使电线完全脱离于结构体，方便了使用过程中的维修和改造。目前，这种方式主要通过作为"内箱"方式的吊顶、双层墙壁、架空地板等，将配线设置到住宅空间的各个角落，实现配线的高渗透性。但是，"内箱"方式中的构造做法需要墙体留出一定的厚度来实现，因此占据了宝贵的室内使用面积。针对这一问题，KSI 开发了脱离于结构体，省去"内箱"方式的胶带式电线（图 5-25）系统。这种电线系统以薄宽为特点，能够像胶带一样黏附于结构墙面，并通过表面的简单处理，在其上面即可直接进行壁纸等面层装饰工序（图 5-26），使施工和维护更加快捷简便。

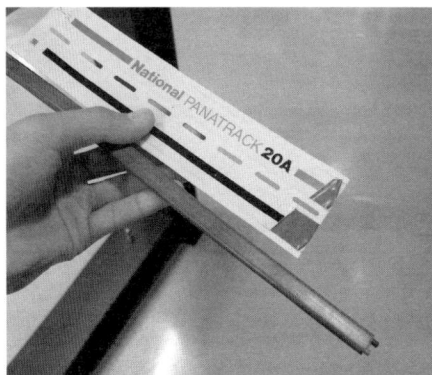

图 5-25 传统电线与胶带电线

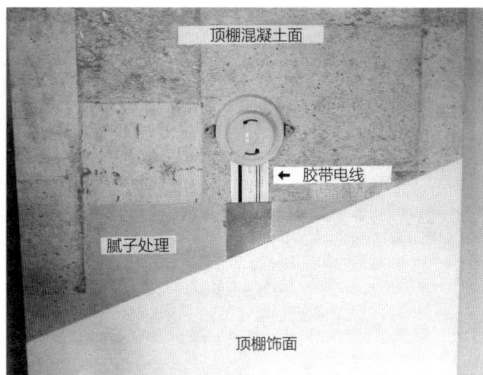

图 5-26 胶带电线的施工方法

第六章
长期优良性能评价

日本践行的以建设全生命周期高品质住宅为目标的长期优良设计策略，对我国的住宅建设发展有着重要的参考和借鉴意义，本章基于前述日本集合住宅技术体系与设计基准方法构建了集合住宅的长期优良性能评价体系，并选取了9个典型案例进行分析。

评价类型与方法

评价类型及方法的确定

1. 评价类型

建筑类型经由历史经验积累而成，能够呈现特定的文化背景和使用需求，这种呈现可分为形式类型和功能类型。形式类型，指以形式特征为依据进行的分类、构成、转换与组群；功能类型，指以（使用）功能的不同为基础的分类，代表着建筑的整体品质。

在长期优良性能评价中，对同属类型进行评级，目的是评价某一集合住宅体系类型的长期性（可持续使用性能）和优良性。

2. 评价方法

长期优良性能评价要素均来自集合住宅体系发展中所抽取的形式和功能类型，因此，运用此要素的评价体系应属于定性评价范畴。但是在客观事物中，一些问题往往不能用定性评价中的绝对的肯定或否定来回答。所以说，在定性评价基础上，对定性信息进行量化，并将其作为定量信息来处理，能够提高它的精确性。这种定性评价的定量评判，是一种较为科学、合理和准确的方法[73]。另外，定性评价中的要素提取属于类型学范畴。因此，本章中的评价方法可定义为基于类型学的定性评价的定量评判方法。

长期优良性能评价体系建构

1. 评价要素的筛选

长期优良性能评价是长期优良设计策略在集合住宅中得到应用的表现形态，此评价要素以长期优良设计策略中的相关要素为蓝本设定。长期优良性能评价体系主要从居住环境舒适性、支撑体长期耐久性、室内空间灵活性以及维护更新简便性四个大类进行构建，并对其次级要素进行评估筛选（表6-1）。

长期优良性评价要素的筛选过程　　　　　　　表 6-1

集合住宅长期优良设计策略			→	集合住宅长期优良性评价体系		
设计策略	范畴	设计要素		二级评价要素	一级评价要素	性能评价
居住环境舒适性	居住外部空间环境	住区形态	演化→	布局形式	居住外环境质量	居住空间环境舒适性
		开放度	演化→	开放度		
	居住内部空间环境	居住面积	演化→	居住面积	居住内环境质量	
		朝向	演化→	朝向		
支撑体长期耐久性	材料力学	结构体强度与耐久	衍生→	结构形式	长期（可持续使用）性能	支撑体长期耐久性
				材料形式		
	空间形式	楼板的厚度与跨度	衍生→	楼板形式	耐久性能	
				楼板厚度		
		层高	不予考虑×			
室内空间灵活性	结构形式	柱子与墙体的整合	不予考虑×			室内空间灵活性
		梁与楼板的整合	不予考虑×			
		厨卫单元系统	衍生→	厨卫位置	厨卫单元可变性能	
				厨卫整体率		
		可移动收纳隔墙系统	衍生→	隔墙类型	生活单元可变性能	
				结构类型		
维护更新简便性	内箱方式	架空地板	不予考虑×			维护更新简便性
	管线系统	排水管线	衍生→	排水管位置	排水方式性能	
				排水方式		
		给水管线	演化→	给水管线分离	管线与支撑体分离性能	
		电气配线	演化→	电气配线分离		

2. 居住环境舒适性评价要素

居住环境舒适化设计策略主要有住区布局、开放度、室内面积以及朝向 4 个要素。这些要素对于营造高品质居住内外环境是不可或缺的，因此，可直接作为居住环境舒适性的评价要素。其中，开放度要素评价根据东云公团的标准，分为不大于 25m、25~50m、不小于 50m 三项。室内面积要素则

性能等级/分值	居住外环境质量		居住内环境质量	
	布局形式	开放度	朝向	面积
高级/3分	围合式	≥50m	两面朝向(单元式)	≥90m²
中级/2分	半围合式	25~50m	两面朝向(外廊式)	60~90m²
低级/1分	行列式	≤25m	一面朝向(内廊式)	≤60m²

是参考了日本对长期优良住宅的要求——集合住宅的使用面积应大于 $45m^2$（建筑面积约为 $60m^2$）[74]，而日本两房或三房户型面积一般在 $90m^2$，超过 $90m^2$ 属于更为舒适的住宅范畴；综上所述，室内面积要素评价可分为不大于 $60m^2$、$60\sim90m^2$、不小于 $90m^2$ 三项（图 6-1）。

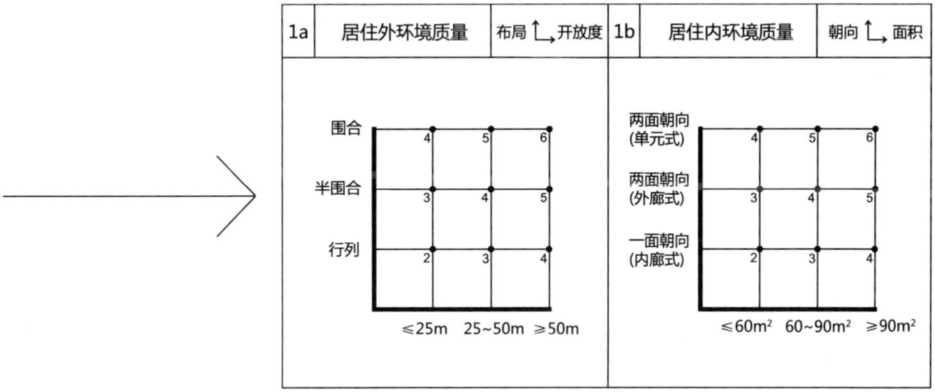

图 6-1 居住环境舒适性评价要素

3. 支撑体长期耐久性评价要素

支撑体长期耐久化设计策略主要有支撑体的强度与耐久性、楼板的厚度、层高以及楼板的跨度 4 个要素。这些要素是从材料力学和空间形式两个角度进行划分的。其中，材料力学是保证支撑体良好性能的内在要素，而空间形式则是实现支撑体可持续使用的外在条件。由此可见，支撑体长期耐久化的设计策略可以转化为其评价要素。但是，由于策略

性能等级/ 分值	支撑体可持续性能		支撑体耐久性能	
	结构形式	楼板形式	材料形式	楼板厚度
高级/3分	框架	全部降板楼板	钢筋混凝土	≥200mm
中级/2分	框架剪力墙/大跨剪力墙	局部降板楼板		
低级/1分	剪力墙/砖混	单板楼板	砌体	<200mm

与评价的范畴不同，在转化过程中，一些要素需要衍生和演化：支撑体的强度与耐久性衍生为结构形式和材料形式，楼板的厚度与跨度演化为楼板形式和楼板厚度。此外，由于在近几年的集合住宅建设中层高变化不大，在评价中层高要素将不予考虑（图6-2）。

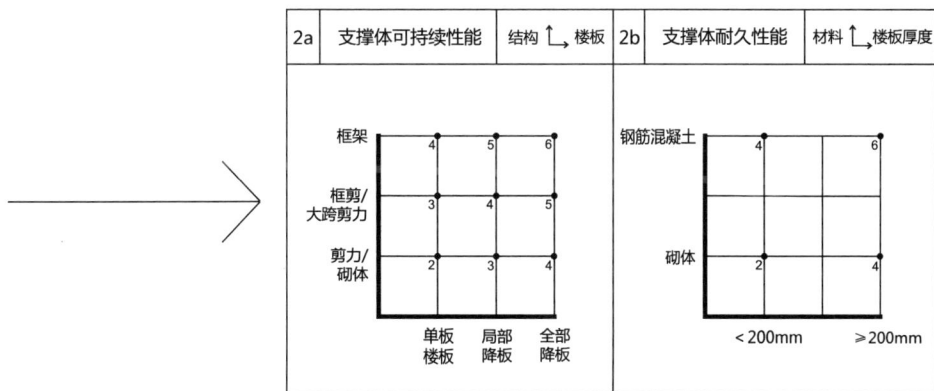

图6-2　支撑体长期耐久性评价要素

4. 室内空间灵活性评价要素

室内空间灵活化设计策略主要有梁与楼板的整合、柱子与墙体的整合、厨卫单元系统以及可移动收纳隔墙系统 4 个要素。其中，前两个要素属于在评定过程中很难评价的事项，在此将不作为评价要素。其余两个要素形式类型明确，并且对空间灵活化有着不同程度的影响，故可作为评价要素。室内空间灵活性评价是从厨卫单元和生活单元的可变性

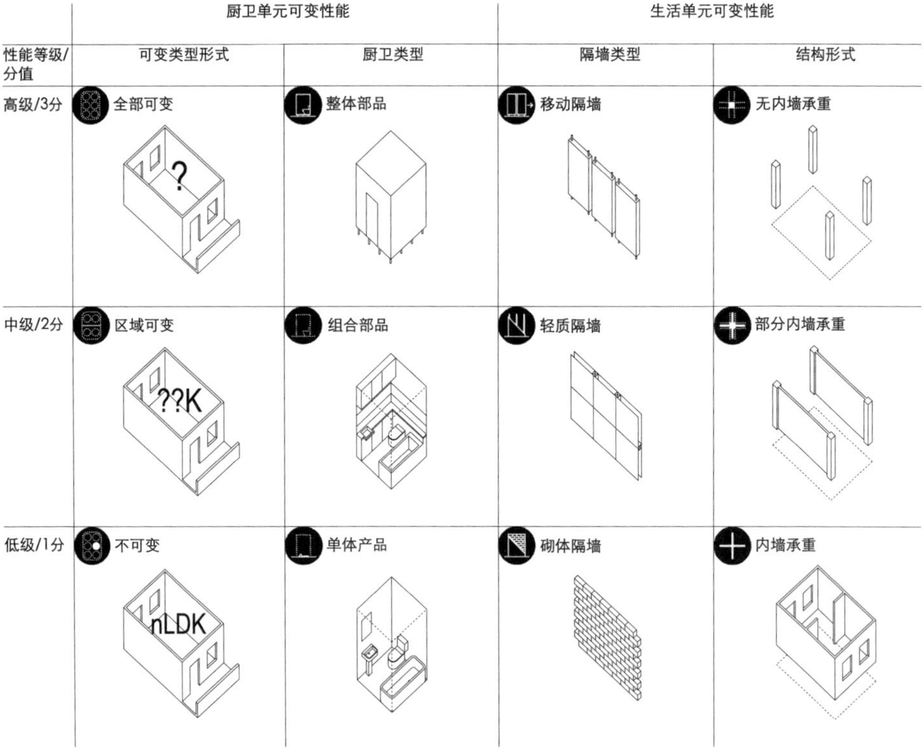

性能等级/分值	厨卫单元可变性能		生活单元可变性能	
	可变类型形式	厨卫类型	隔墙类型	结构形式
高级/3分	全部可变	整体部品	移动隔墙	无内墙承重
中级/2分	区域可变 ??K	组合部品	轻质隔墙	部分内墙承重
低级/1分	不可变 nLDK	单体产品	砌体隔墙	内墙承重

能两方面进行的。厨卫单元的可变性能与厨卫单元的移动范围和整体率相关，可衍生为可变类型形式和厨卫类型两个评价要素；而生活单元可变性能主要与隔墙类型和室内墙体中的所占比例有关（非承重墙比例），可衍生为隔墙类型和结构形式（可反映出非承重墙比例）两个评价要素（图6-3）。

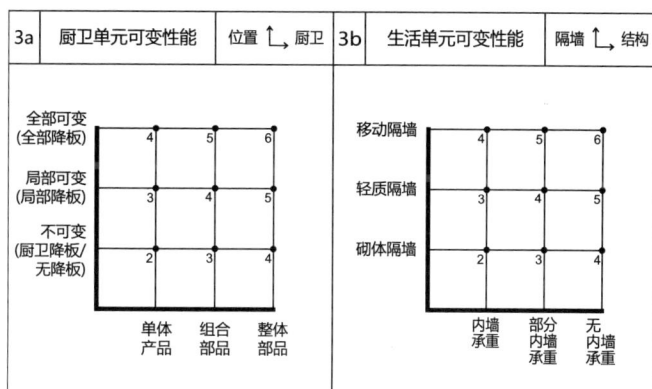

3a	厨卫单元可变性能			位置 ⬑ 厨卫	3b	生活单元可变性能			隔墙 ⬑ 结构
全部可变 (全部降板)	4	5	6		移动隔墙	4	5	6	
局部可变 (局部降板)	3	4	5		轻质隔墙	3	4	5	
不可变 (厨卫降板/ 无降板)	2	3	4		砌体隔墙	2	3	4	
	单体 产品	组合 部品	整体 部品			内墙 承重	部分 内墙 承重	无 内墙 承重	

图6-3 室内空间灵活性评价要素

5. 维护更新简便性评价要素

维护更新简便化设计策略主要有"内箱"方式、排水管线、给水管线及电气配线4个要素。这些要素中，由于裸露的管线必将伴随着"内箱"方式，因此，在评价中"内箱"方式要素将不予探讨。另外，维护更新简便性评价是从管线设计方式（排水方式）和与管线结构相脱离的性能两方面进

性能等级/分值	排水方式与性能		管线与支撑体分离性能	
	排水管线位置	排水方式	电气配线分离	给水管线分离
高级/3分	室外 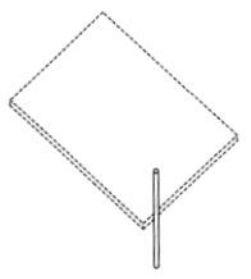	同层排水 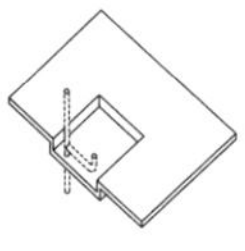	分离 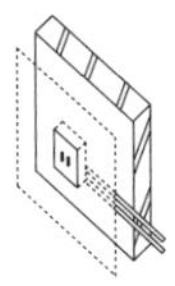	分离 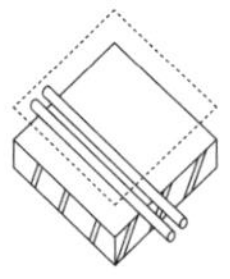
中级/2分				
低级/1分	室内 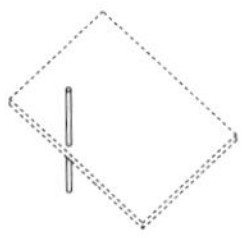	穿板排水 	预埋 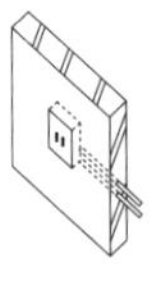	预埋 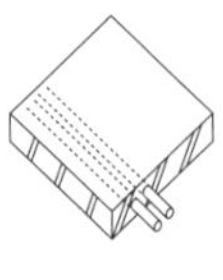

行的，在评价要素的建立过程中，将涉及的管线设计方式衍生为排水管线位置要素和排水方式要素，而给水管线及电气配线要素，各自演化为给水管线分离要素和电气配线分离要素（图6-4）。

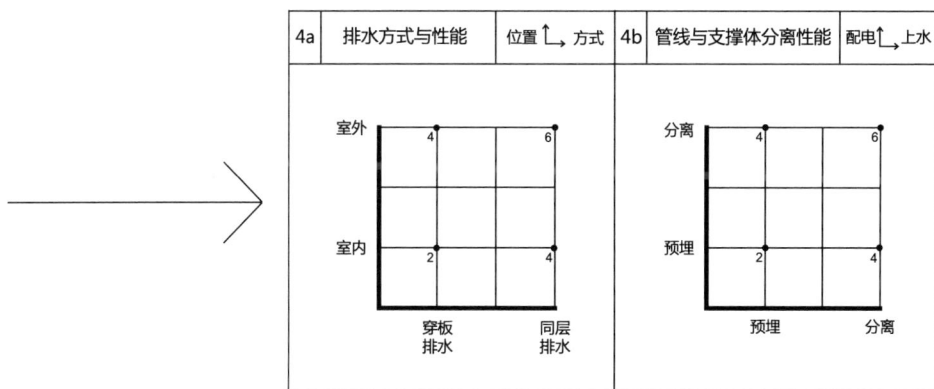

图6-4 维护更新简便性评价要素

6. 定量评判方法

长期优良性能评价体系由 4 大类型 16 个评价要素组成，在设计权重方面，结合综合情况考虑，每一个评价要素都涉及与长期优良性能相关的关键问题，应处于同等重要的地位，因此，对于 16 个具体评价要素本评价体系不设权重。每个评价要素最高 3 分，最低 1 分，每一类评价最终得分，以评价得分与全部分数的百分比计算。以维护更新简便化评价为例，具体评价要素为 4 项，全部可得分为 12 分，如评估得分为 6 分，则此项评价最终得分值为 $10 \times 6/12=5$。每一个分类的得分最终以带数据标记的雷达图形式呈现（图 6-5）。

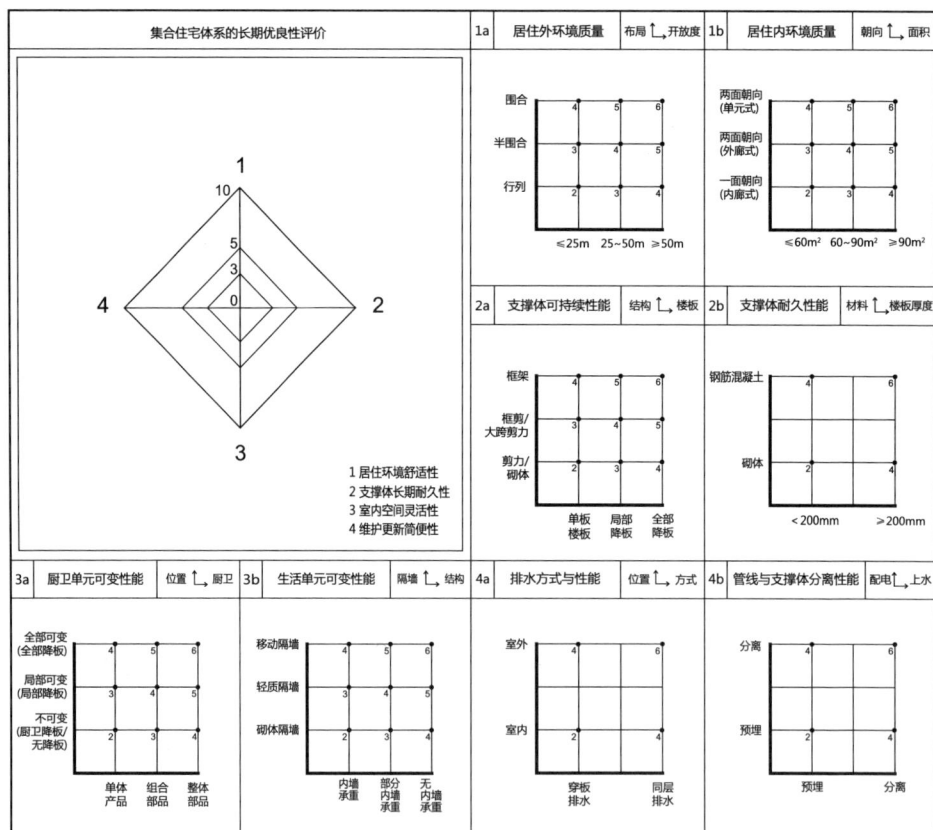

图 6-5　集合住宅体系的长期优良性能评价体系

典型案例分析

筑波 · 樱花团地

筑波·樱花团地是在1985年筑波世界博览会中作为出展的外国馆干部职员宿舍来使用的。世博会结束后，住宅·都市整备公团以租赁住宅的形式进行市场供给。为了适应将来因居住水平的提高带来的扩大户型面积的需求，樱花团地采用了CHS方式建造，实现了户型规模与室内布局的灵活可变：①共有9种户型（35m²~115m²），通过在分户墙中预留开口，将最基本的35m²与80m²户型进行组合，形成70m²和115m²的户型；②采用了公团研究实验项目所开发的管线及设备脱离结构的内装方式——"内箱"方式，住户可根据需要改变室内空间格局。

CHS是为了提供长期优良品质的住宅而进行的一项包含设计、生产、维护管理的综合性体系，是建设省（现国土交通省）的"住机能高度化推进工程"的一个环节，其可通过提高物理层面和机能层面的住宅性能，在维持居住的资产价值的同时，实现优质的住宅储备。CHS的主要设计原则包括：①户型规模和平面布局可以改变；②独立可分离的管线空间；③区分不同耐久性的材料，使用耐久性高的构件作为支撑体；④形成计划性的维护管理的体制；⑤考虑环境问题。

实景图

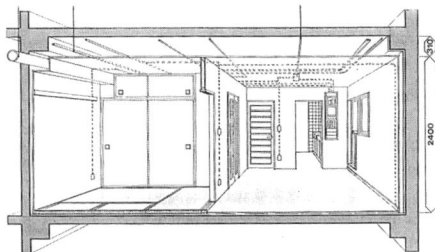

实现规模可变的内箱方式

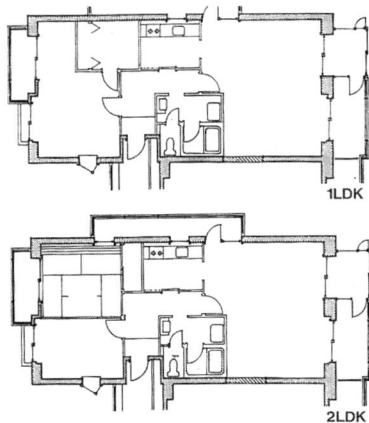

1LDK

2LDK

可变化的户型平面图

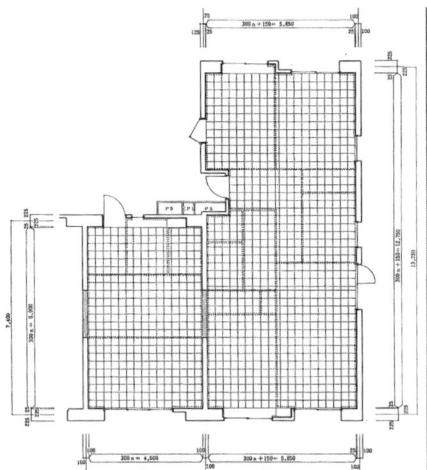

对应CHS的模数协调

来源 城市型モデル住宅：筑波·樱花团地 [J]. 建筑文化, 1995（5）: 80-84.

	区位	东京市	开发业主	住宅·都市整备公团
筑波·樱花团地	建成年份	1985 年	建筑面积	12705.4m²
	户数	159 户	层数	地下 1 层、地上 3~5 层

集合住宅体系的长期优良性评价

1 居住环境舒适性
2 支撑体长期耐久性
3 室内空间灵活性
4 维护更新简便性

1a	居住外环境质量	布局↑、开放度→	1b	居住内环境质量	朝向↑、面积→

2a	支撑体可持续性能	结构↑、楼板→	2b	支撑体耐久性能	材料↑、楼板厚度→

3a	厨卫单元可变性能	位置↑、厨卫→	3b	生活单元可变性能	隔墙↑、结构→	4a	排水方式与性能	位置↑、方式→	4b	管线与支撑体分离性能	配电↑、上水→

NEXT 21

NEXT 21 工程是大阪天然气公司开发的面向未来型集合住宅的示范性项目。节能与舒适性作为 NEXT 21 的两个主题，延续了支撑体与填充体分离的二阶段供给方式的设计理念。13 个设计团队共同设计了面向 21 世纪的 18 种生活样式的居住空间。

| 实景图 | 支撑体系统 |

支撑体的构造主要采用了钢筋混凝土框架，而一层和二层之间采用了铁骨钢筋混凝土。楼板（24cm）凸出的 7.2m 见方的部分，用于室内居住；楼板（18cm）下降的部分，利用下降形成的空间设置排水配管。高出的楼板与下降的楼板之间高差为 42cm。在设备方面，能源系统中采用了接近零排放的燃料电池发电系统，并且与屋顶的太阳能设备结合，为建筑提供所有电力；排水处理系统是生活污水先通过地下机械室的活性污泥式排水处理槽，再利用湿式酸化装置处理成能够再利用的中水；管线系统通过 3.6m 的层高，在楼板和顶棚之间保留了足够的配管空间，做到了与支撑体的完全分离。

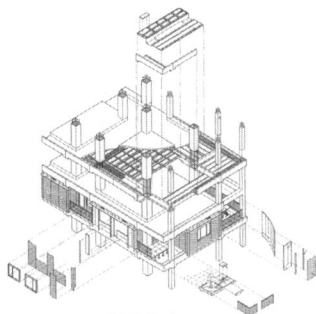

基本构成图

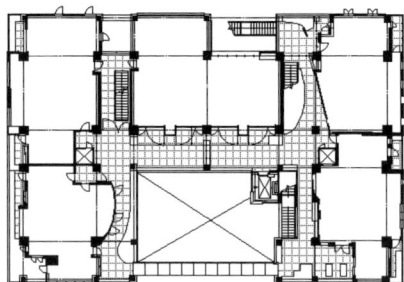

首层标准平面图

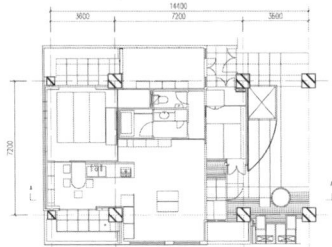

户型平面图

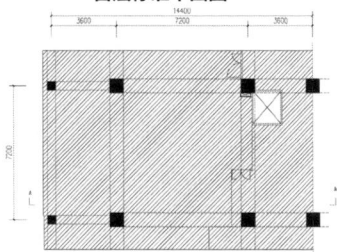

户型结构图

来源　NEXT 21 编集委员会 . NEXT 21- その設計スピリッツと居住実験 10 年の全貌 [M]. 東京：エクスナレッジ，2005.

NEXT 21	区位	大阪市	开发业主	大阪燃气
	建成年份	1993 年	建筑面积	4577m²
	户数	18 户	层数	地上 5 层

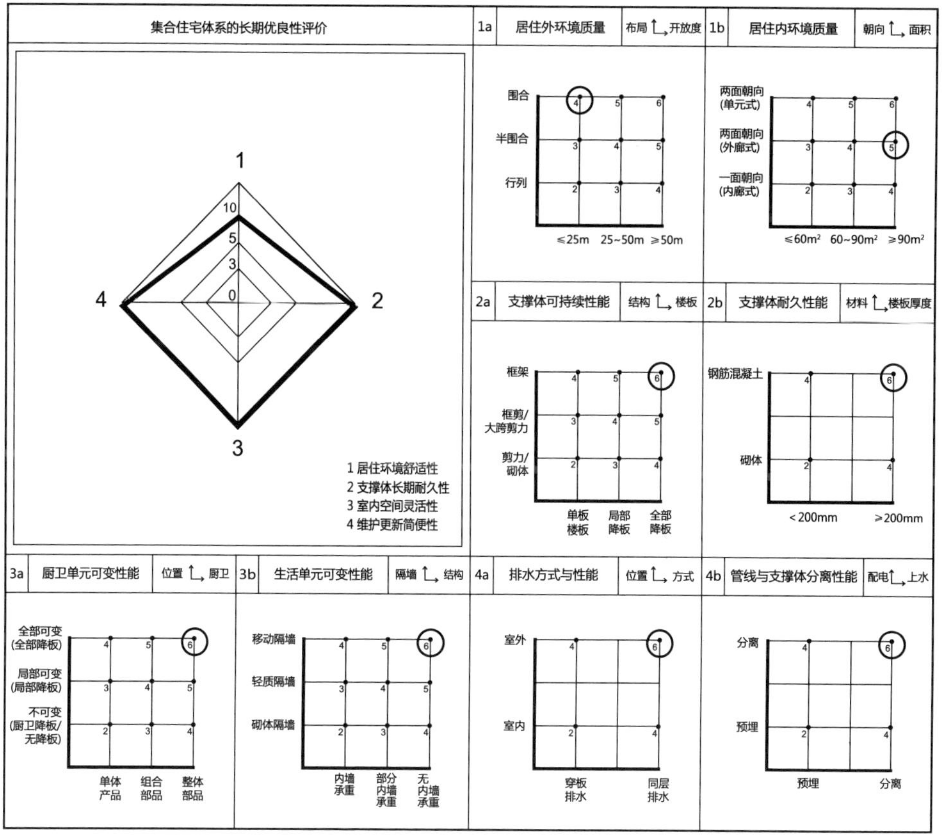

集合住宅体系的长期优良性评价

1 居住环境舒适性
2 支撑体长期耐久性
3 室内空间灵活性
4 维护更新简便性

1a	居住外环境质量	布局↑开放度	1b	居住内环境质量	朝向↑面积
2a	支撑体可持续性能	结构↑楼板	2b	支撑体耐久性能	材料↑楼板厚度
3a	厨卫单元可变性能	位置↑厨卫	3b	生活单元可变性能	隔墙↑结构
4a	排水方式与性能	位置↑方式	4b	管线与支撑体分离性能	配电↑上水

兵库 100 年住宅

兵库 100 年住宅是"兵库 100 年住宅研究调查委员会"以使用 100 年作为目标而开发的公营住宅。为了能够实现长期使用,此住宅明确分离了高耐久性的本体和对应机能改善的填充体部分,将优

实景图

质社会资本的"蓄积型"、容易维护管理的"循环型"以及适应居住者需求的"参与型"作为三个基本概念。

住宅的构成有三个层级,拥有百年以上耐久性的"本体框架"(支撑体),外壁、分户墙、共用配管的"次级本体及基础的设备",以及住户内装、专用配管等"填充体"。为了对应设备,支撑体框架采用了反梁的纯框架形式。设备间等公共设施,在不影响分户墙的基础上,能够进行容量的增减。排水竖管都设置在吹拔的部位,维修简便。阳台采用反梁构造,外围护墙与构造框架相脱离,能够自由设定位置,也可以多次变化。在集中管井间设置预备空间,应对设备后期的增设。填充体采用移动家具式隔墙,使平面布局可根据居住者的需求改变。在一部分的住宅中,并未对房间进行细致的分割,而是以 2K 的形式提供,使居住者能够自由分割房间。

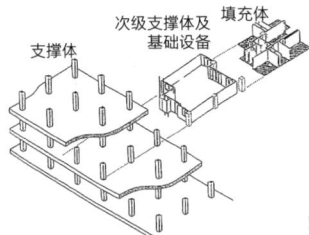

次级支撑体及基础设备 填充体 支撑体

住宅基本构成图

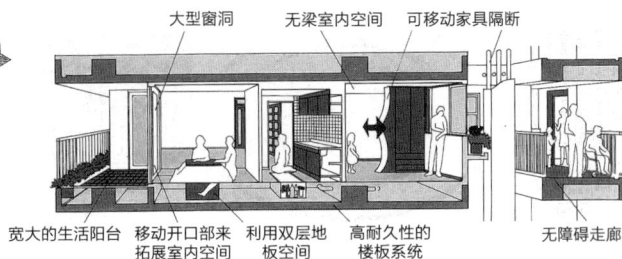

大型窗洞　无梁室内空间　可移动家具隔断

宽大的生活阳台　移动开口部来拓展室内空间　利用双层地板空间　高耐久性的楼板系统　无障碍走廊

概念图

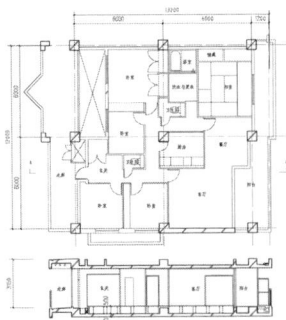

户型平面图

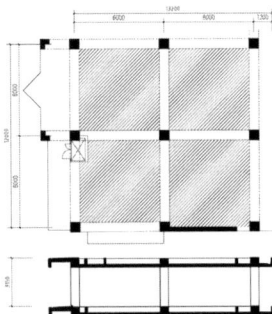

户型结构图

来源　集合住宅 フリープラン技術の新潮流: 新たな構造形式で設備更新を容易に [J]. 日経アーキテクチュア,1997(5):136–144.

	区位	兵库县	开发业主	兵库公营住宅
兵库 100 年住宅	建成年份	1998 年	建筑面积	11916m²
	户数	104 户	层数	地上 3 层

集合住宅体系的长期优良性评价

1 居住环境舒活性
2 支撑体长期耐久性
3 室内空间灵活性
4 维护更新简便性

1a 居住外环境质量 | 布局 ↑ 开放度
围合
半围合
行列
≤25m　25~50m　≥50m

1b 居住内环境质量 | 朝向 ↑ 面积
两面朝向（单元式）
两面朝向（外廊式）
一面朝向（内廊式）
≤60m²　60~90m²　≥90m²

2a 支撑体可持续性能 | 结构 ↑ 楼板
框架
框剪/大跨剪力
剪力/砌体
单板楼板　局部降板　全部降板

2b 支撑体耐久性能 | 材料 ↑ 楼板厚度
钢筋混凝土
砌体
<200mm　>200mm

3a 厨卫单元可变性能 | 位置 ↑ 厨卫
全部可变（全部降板）
局部可变（局部降板）
不可变（厨卫降板/无降板）
单体产品　组合部品　整体部品

3b 生活单元可变性能 | 隔墙 ↑ 结构
移动隔墙
轻质隔墙
砌体隔墙
内墙承重　部分内墙承重　无内墙承重

4a 排水方式与性能 | 位置 ↑ 方式
室外
室内
穿板排水　同层排水

4b 管线与支撑体分离性能 | 配电 ↑ 上水
分离
预埋
预埋　分离

Flex Court 吉田

Flex Court 吉田住宅经历两年的设计研究，参加了以选拔施工方为目的的填充体企业技术提案竞赛，竞赛提案包含了支撑体＋填充体的建筑体系设计方案，以及多年之后填充体的设置与变更、循环利用的软系统方案等。

住宅的支撑体采用 100 年以上长期耐久性的柱梁与楼板；通过使用 27n/mm^2 的高强度混凝土，以及在以往的标准上增加 25mm 厚度的钢筋混凝土保护层等方法，提高支撑体的抗震性和耐久性；另外，以填充体的变更为前提，支撑体采用了纯框架结构形式，有效适应了未来住户规模的变化；楼板采用了隔一跨降板的形式，在局部降板的部分设置了厨卫空间，进而无须为管线抬高整个地板高度。

住宅设计了可变填充体和固定填充体。可变填充体包括可变隔墙板材、可变门以及可移动收纳家具。通过可变式隔墙或家具，适应因家族构成或生活方式改变而带来的居住空间的变化。固定填充体包括预先固定的地板、顶棚、隔墙等内部装修和设备。更换外围护体的时候，需要全面更换固定填充体，因此，其寿命与外围护体一样设定为 30 年。

住宅的外围护体包括住户的外墙、分户墙、阳台的双层地板等。外围护体在耐久性、隔热性、隔声性等方面具有良好的表现，并且采用了易于更新的干式工法。通过移动外围护体，能够实现户型规模的改变。

实景图

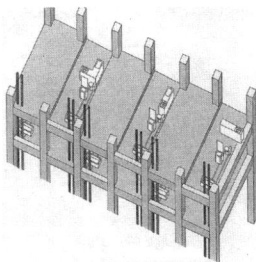

降板楼板概念图

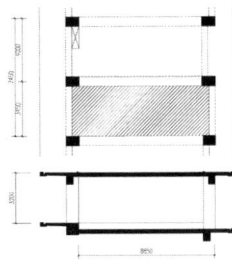

结构图

标准层平面图

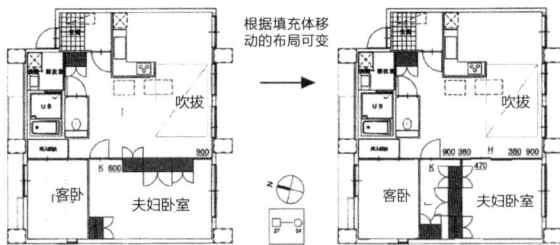

根据填充体移动的布局可变

平面布局变更示意图

来源　大阪府住宅供给公社 . 公社次世代都市型集合住宅 - ふれっくすコート吉田 [R/OL]. 東京：大阪府住宅供给公社，2000.
https://www.osaka-kousha.or.jp/

Flex Court 吉田	区位	大阪市	开发业主	大阪府住宅供给公社
	建成年份	1999 年	建筑面积	6113.59m²
	户数	53 户	层数	地上 3~5 层

集合住宅体系的长期优良性评价

1 居住环境舒适性
2 支撑体长期耐久性
3 室内空间灵活性
4 维护更新简便性

1a 居住外环境质量　布局 ↑→ 开放度

围合　半围合　行列

≤25m　25~50m　≥50m

1b 居住内环境质量　朝向 ↑→ 面积

两面朝向(单元式)　两面朝向(外廊式)　一面朝向(内廊式)

≤60m²　60~90m²　≥90m²

2a 支撑体可持续性能　结构 ↑→ 楼板

框架　框剪/大跨剪力　剪力/砌体

单板楼板　局部降板　全部降板

2b 支撑体耐久性能　材料 ↑→ 楼板厚度

钢筋混凝土　砌体

<200mm　≥200mm

3a 厨卫单元可变性能　位置 ↑→ 厨卫

全部可变(全部降板)　局部可变(局部降板)　不可变(厨卫降板/无降板)

单体产品　组合部品　整体部品

3b 生活单元可变性能　隔墙 ↑→ 结构

移动隔墙　轻质隔墙　砌体隔墙

内墙承重　部分内墙承重　无内墙承重

4a 排水方式与性能　位置 ↑→ 方式

室外　室内

穿板排水　同层排水

4b 管线与支撑体分离性能　配电 ↑→ 上水

分离　预埋

预埋　分离

KSI 住宅实验栋

KSI 是公团研发的 SI 住宅。公团以推广 SI 住宅的实用性和普及为目标，在公团技术中心建设了 KSI 住宅实验栋，实验栋采用 2 层 3 跨的支撑体，共有 6 室。公团除了在这些空间里进行独自的 KSI 先导住宅实验外，还与民间企业一同进行研究和试验，并展示各自填充体的开发成果。

KSI 中的支撑体、填充体按照《区分所有法》中的定义，共用部分为支撑体，专用部分为填充体，可以改变规模的外墙、非承重的分户墙等部分，在 KSI 中定义为填充体。支撑体包括构造本体（柱、梁、钢筋混凝土楼板、剪力墙等）、共用部分的生活线 [给水、排水、燃气、强电、弱电、共用设备机器（电梯）、水泵等]、共用走廊、共用楼梯、共用玄关等。填充体包括室内的内装、专用部分的生活线（给水、排水、燃气、强电、弱电）、专用部分的设备机器（浴缸、厨具、便器等）、窗户、玄关门、非耐力墙的外壁、非耐力墙的分户墙等。

支撑体为了实现 100 年的长期耐久性，比常规提高了 10mm 厚度的梁柱钢筋混凝土保护层；采用纯框架构造和预应力钢筋混凝土梁；楼板形式为无小梁和高差的大型中空型楼板；排水系统采用共用竖管的排水管集合器，把室内的各部分排水管集中到一根共用排水竖管中；将 300mm 作为基本模数，必要时采用 150mm 辅助模数。

填充体采用地板先行工法：首先施工地板，然后在上面设置隔墙，方便后期移动或者追加隔墙；架空地板下的设备管线提高了厨卫单元位置的灵活度，采用 1/100 坡度的排水管；电线沿着住宅的周边进行布置，能够自由地应对隔墙的变更；填充体使用胶带式电线，不到 1mm 厚度的电线直接贴在墙体上，表面可以直接实现粘贴墙纸，方便改造；设置了可拆卸的地板与可移动的隔墙板，方便后期管线设备维修和移动、追加可移动隔墙板；采用干式外壁工法可实现外壁未来的更新改造，窗墙一体型的外壁系统能够应对室内平面布局的更改变化。

实景图

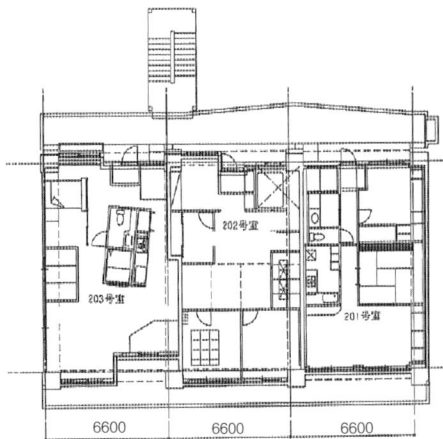

6600　6600　6600

二层平面图

来源　都市整备公团综合研究所技术中心

双层楼板

KSI 住宅实验栋	区位	东京市	开发业主	住宅·都市整备公团
	建成年份	1999 年	建筑面积	约 490m²
	户数	6 户	层数	地上 2 层

集合住宅体系的长期优良性评价

1 居住环境舒适性
2 支撑体长期耐久性
3 室内空间灵活性
4 维护更新简便性

1a 居住外环境质量	布局 ↑, 开放度
1b 居住内环境质量	朝向 ↑, 面积
2a 支撑体可持续性能	结构 ↑, 楼板
2b 支撑体耐久性能	材料 ↑, 楼板厚度
3a 厨卫单元可变性能	位置 ↑, 厨卫
3b 生活单元可变性能	隔墙 ↑, 结构
4a 排水方式与性能	位置 ↑, 方式
4b 管线与支撑体分离性能	配电 ↑, 上水

1a 居住外环境质量
- 围合
- 半围合
- 行列 ④
- ≤25m 25~50m >50m

1b 居住内环境质量
- 两面朝向（单元式）
- 两面朝向（外廊式）⑤
- 一面朝向（内廊式）
- ≤60m² 60~90m² ≥90m²

2a 支撑体可持续性能
- 框架 ⑥
- 框剪/大跨剪力
- 剪力/砌体
- 单体楼板 局部降板 全部降板

2b 支撑体耐久性能
- 钢筋混凝土 ⑥
- 砌体
- <200mm ≥200mm

3a 厨卫单元可变性能
- 全部可变（全部降板）⑥
- 局部可变（局部降板）
- 不可变（厨卫降板/无降板）
- 单体产品 组合部品 整体部品

3b 生活单元可变性能
- 移动隔墙 ⑥
- 轻质隔墙
- 砌体隔墙
- 内墙承重 部分内墙承重 无内墙承重

4a 排水方式与性能
- 室外 ⑥
- 室内
- 穿板排水 同层排水

4b 管线与支撑体分离性能
- 分离 ⑥
- 预埋
- 预埋 分离

Flexsus House 22

Flexsus House 22 被称之为"新时代构造住宅开发事业实验栋",是参加"House Japan"项目的 6 家企业共同设计、施工的具有高存续价值的新时代

实验性 SI 住宅。该项目将住宅分为可变部分和不可变部分,以此应对长期使用过程中的社会、住户、环境等的变化。可变性设计原则可应对多种设计模式和居住者需求,适应性设计原则能够适应家族构成和居住环境的变化。住宅的支撑体采用高耐久的无梁大跨度楼板,确保最大面积约 240m² 的无柱空间;为使设备管线集中配置,在楼板两侧设置了共用管道井,实现了在初始设计和后期改造时,住户自由选择厨卫单元的位置;内装填充体由 6 家企业按照各自特殊工艺的填充体系统进行设计和施工。

实景图

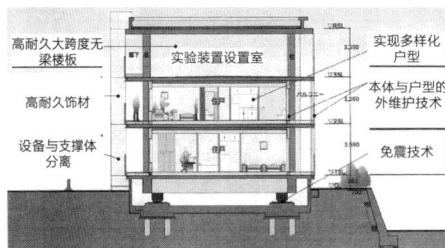

概念图

3 层平面

2 层平面

平面图

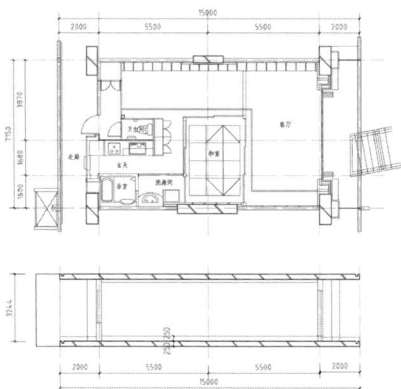

户型平面图

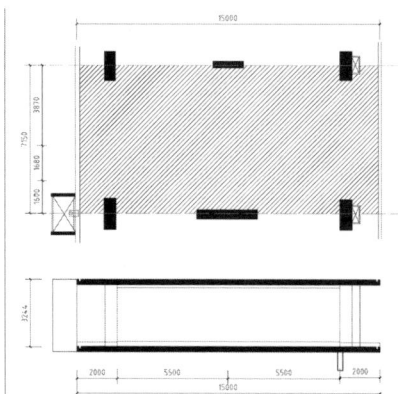

户型结构图

来源　松村秀一.Flexsus House 22 次世帯構造住宅開発事業実験棟を巡って [J]. 新建築, 2000 (5): 221-223.

Flexsus House 22	区位	爱知县	开发业主	生活价值创造住宅开发技术研究组合
	建成年份	2000 年	建筑面积	1254.45m^2
	户数	11 户	层数	地上 3 层

集合住宅体系的长期优良性评价

1 居住环境舒适性
2 支撑体长期耐久性
3 室内空间灵活性
4 维护更新简便性

1a 居住外环境质量 布局↑开放度
围合 / 半围合 / 行列
≤25m　25~50m　≥50m

1b 居住内环境质量 朝向↑面积
两面朝向(单元式) / 两面朝向(外廊式) / 一面朝向(内廊式)
≤60m^2　60~90m^2　≥90m^2

2a 支撑体可持续性能 结构↑楼板
框架 / 框剪/大跨剪力 / 剪力/砌体
单体楼板　局部降板　全部降板

2b 支撑体耐久性能 材料↑楼板厚度
钢筋混凝土 / 砌体
<200mm　≥200mm

3a 厨卫单元可变性能 位置↑厨卫
全部可变(全部降板) / 局部可变(局部降板) / 不可变(厨卫降板/无降板)
单体产品　组合部品　整体部品

3b 生活单元可变性能 隔墙↑结构
移动隔墙 / 轻质隔墙 / 砌体隔墙
内墙承重　部分内墙承重　无内墙承重

4a 排水方式与性能 位置↑方式
室外 / 室内
穿板排水　同层排水

4b 管线与支撑体分离性能 配电↑上水
分离 / 预埋
预埋　分离

东京中央区 La-Vert 明石町公寓

东京中央区明石町公寓是位于市中心的功能复合型高密度住宅，1~5 层为区级老人福祉设施，6~22 层为设有中庭的回字形租赁型 SI 公共住宅。该项目采用 SI 技术体系，主要体现在楼板系统的无梁化、全部和局部的降板处理等，楼板厚度达到了 300mm，将管线集中于走廊一侧，使厨房和卫生间能够自由布置，为多样化户型和未来改造提供便利。

公寓实景图

内庭空间

室内空间

双层楼板系统图

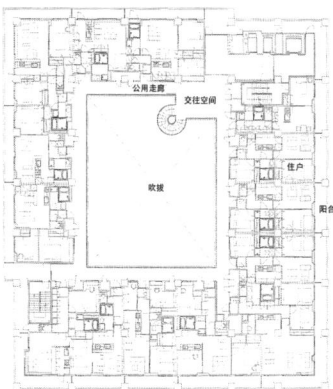

标准层平面图

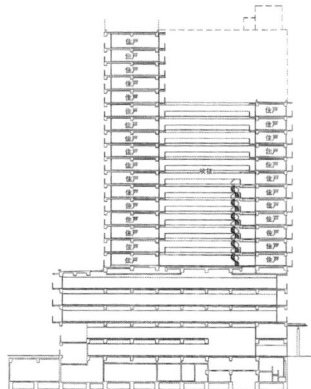

建筑剖面图

来源　建築思潮研究所 .SI 住宅：集合住宅のスケルトン・インフィル [M]. 東京：建築資料社，2005.

东京中央区 La-Vert 明石町公寓	区位	东京市	开发业主	—
	建成年份	2002 年	建筑面积	2985.2m²
	户数	199 户	层数	22 层

集合住宅体系的长期优良性评价	1a	居住外环境质量	布局↑、开放度→	1b	居住内环境质量	朝向↑、面积→

雷达图
1
10
5
3
0
4 — 2
3

1 居住环境舒适性
2 支撑体长期耐久性
3 室内空间灵活性
4 维护更新简便性

1a 居住外环境质量 布局↑、开放度→
围合 / 半围合 / 行列
≤25m 25~50m ≥50m

1b 居住内环境质量 朝向↑、面积→
两面朝向（单元式）/ 两面朝向（外廊式）/ 一面朝向（内廊式）
≤60m² 60~90m² ≥90m²

2a	支撑体可持续性能	结构↑、楼板→	2b	支撑体耐久性能	材料↑、楼板厚度→

2a 支撑体可持续性能 结构↑、楼板→
框架 / 框剪/大跨剪力 / 剪力/砌体
单板楼板 局部降板 全部降板

2b 支撑体耐久性能 材料↑、楼板厚度→
钢筋混凝土 / 砌体
<200mm >200mm

3a	厨卫单元可变性能	位置↑、厨卫→	3b	生活单元可变性能	隔墙↑、结构→	4a	排水方式与性能	位置↑、方式→	4b	管线与支撑体分离性能	配电↑、上水→

3a 厨卫单元可变性能 位置↑、厨卫→
全部可变（全部降板）/ 局部可变（局部降板）/ 不可变（厨卫降板/无降板）
单体产品 组合部品 整体部品

3b 生活单元可变性能 隔墙↑、结构→
移动隔墙 / 轻质隔墙 / 砌体隔墙
内墙承重 部分内墙承重 无内墙承重

4a 排水方式与性能 位置↑、方式→
室外 / 室内
穿板排水 同层排水

4b 管线与支撑体分离性能 配电↑、上水→
分离 / 预埋
预埋 分离

东云公团

东云公团是在距离东京站 5km 的都心临海地区工厂遗址中建设的都心型集合住宅，其最高层数为 14 层，是容积率 4.5 的复合型高密度住区。与 1960 年代中叶的具有开放空间特征的高层高密度团地不同，东云公团通过室外空间的设计、高密化的中廊型住栋，以及围合布局的住区形式，设计出了具有良好居住环境、富有新机能，并实现了高容积率的空间提案。

中廊型围合式住栋的布局形式，包含了南北向和东西向的住栋，因此，在整个住区中存在不少北向户型。住区设计中除了日照，还融入了更多的附加价值（如大开间、开放性、露台、良好景观等）。无法获得日照的户型，可通过浅进深、大面宽的设计，实现较为综合的性能。入住后大部分北向户型得到了住户的认可。

内街场景

住区剖面图

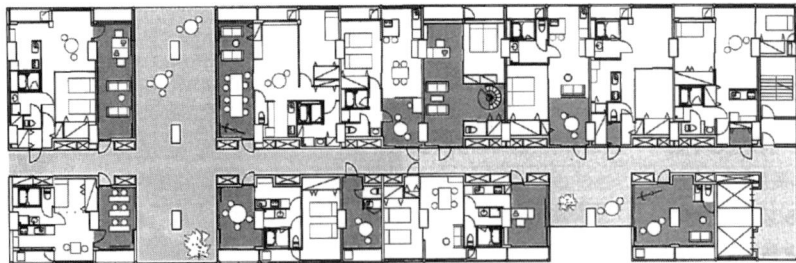

平面图

来源　日本建筑学会住宅小委员会 . 事例で読む現代集合住宅のデザイン [M]. 東京：彰国社，2004.

东云公团	区位	东京市	开发业主	住宅·都市整备公团
	建成年份	2003 年	建筑面积	13.9 万 m^2
	户数	2000 户	层数	14 层

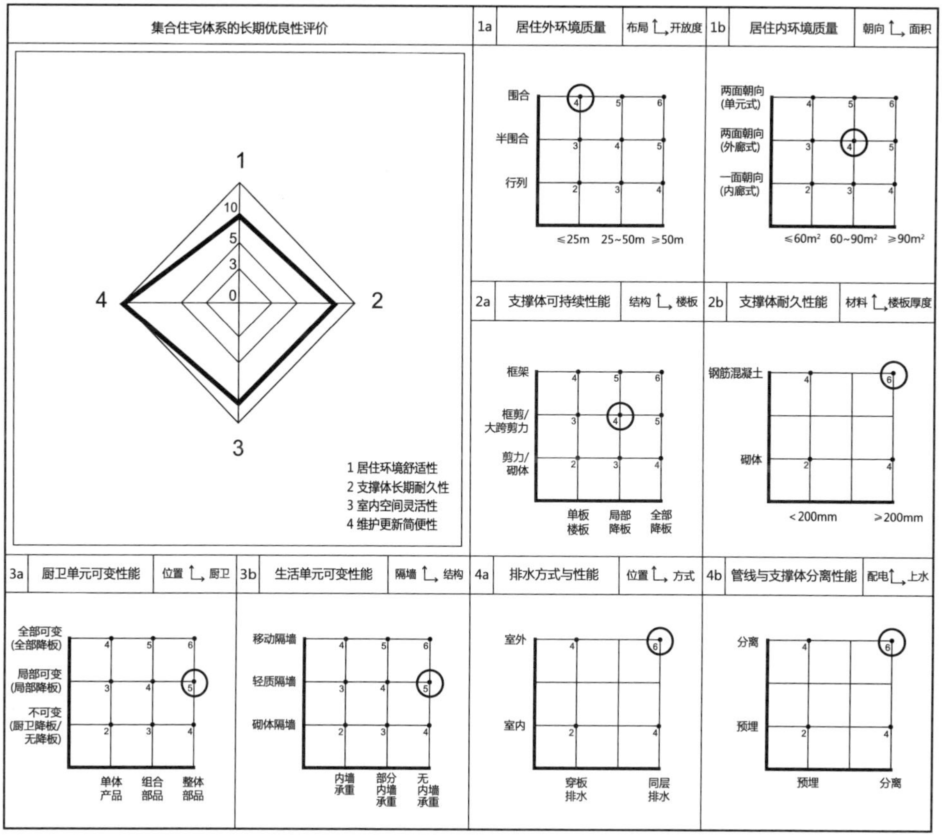

集合住宅体系的长期优良性评价

1 居住环境舒适性
2 支撑体长期耐久性
3 室内空间灵活性
4 维护更新简便性

1a 居住外环境质量　布局↑开放度

1b 居住内环境质量　朝向↑面积

2a 支撑体可持续性能　结构↑楼板

2b 支撑体耐久性能　材料↑楼板厚度

3a 厨卫单元可变性能　位置↑厨卫

3b 生活单元可变性能　隔墙↑结构

4a 排水方式与性能　位置↑方式

4b 管线与支撑体分离性能　配电↑上水

147

港町站前塔公寓 A 栋

　　该项目是在工厂旧址上新建的城市更新项目，目的是构建城市居住的可持续基础设施的框架。项目为少柱梁的大型居住空间，设计之初可以自由确定分户墙，户型面积的设置具有很强的灵活性。楼板采用大跨度部分降板形式，厨卫空间设置自由，管线与结构相互分离。

公寓实景图

无梁居住空间

集中设备井

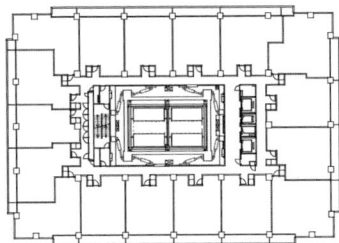

标准层平面

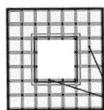

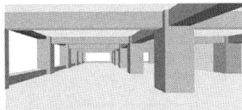

传统有梁柱空间

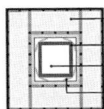

少柱梁的
大型空间
连接剪力墙
塔楼机械停车
减震装置

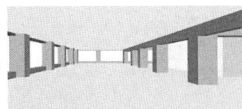

无梁柱大型空间

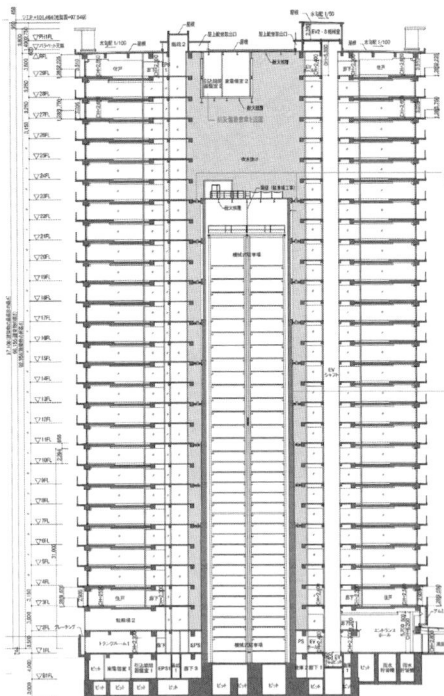

剖面图

来源　長屋圭一・鐘ヶ江暢一. 港町駅前タワー – マンション – リヴァリエ A 棟 [J]. 新建築，2013（02）：128~135.

港町站前塔公寓 A 栋	区位	川崎市	开发业主	京滨急行电铁
	建成年份	2013 年	建筑面积	4885m²
	户数	455 户	层数	29 层

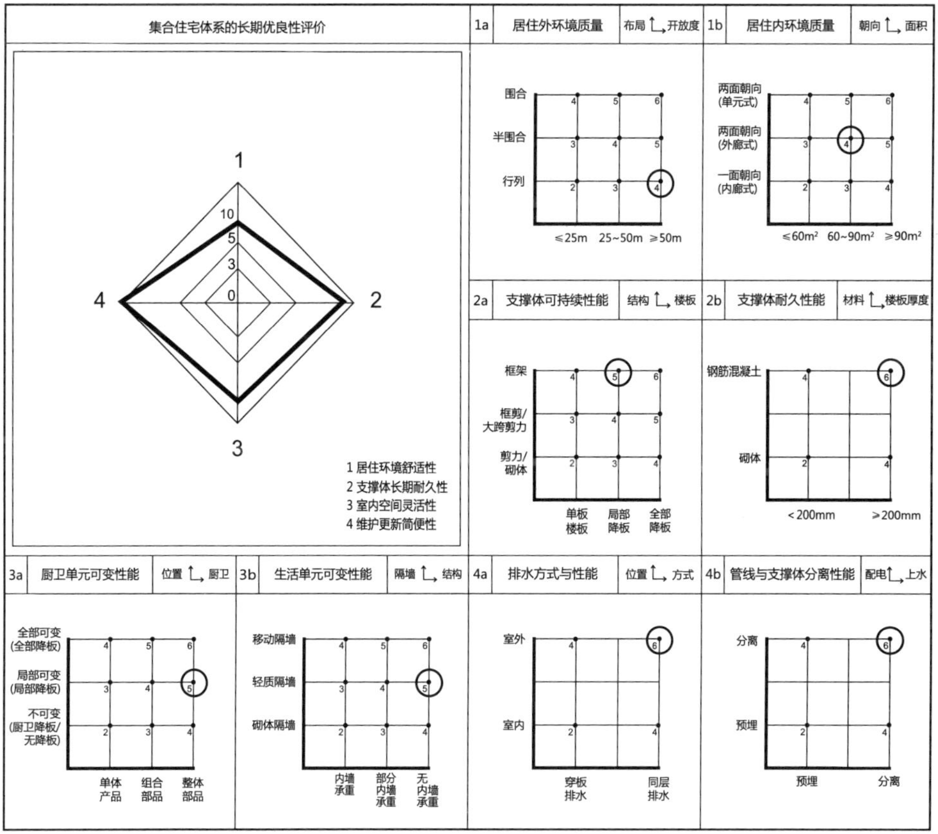

集合住宅体系的长期优良性评价

1 居住环境舒适性
2 支撑体长期耐久性
3 室内空间灵活性
4 维护更新简便性

1a 居住外环境质量　布局↑开放度
1b 居住内环境质量　朝向↑面积
2a 支撑体可持续性能　结构↑楼板
2b 支撑体耐久性能　材料↑楼板厚度
3a 厨卫单元可变性能　位置↑厨卫
3b 生活单元可变性能　隔墙↑结构
4a 排水方式与性能　位置↑方式
4b 管线与支撑体分离性能　配电↑上水

图片来源

第一章

图 1-1 ~ 图 1-5，图 1-14 ~ 图 1-16　根据日本总务省统计局数据绘制。

图 1-6　橋本文隆，内田青蔵，大月敏雄．消しえゆく同潤会アパートメント [M]．東京：河出書房新社，2003．

图 1-7，图 1-8　日本建築学会．コンパクト建築設計資料集成 [住居][M]．2 版．東京：丸善，2006．

图 1-9　长泽泰．建筑空间设计学：日本建筑计划的实践 [M]．郑颖，周博，译．大连：大连理工大学出版社，2011．

图 1-10　日本住宅公団刊行委員会．日本住宅公団 20 年史 [M]．東京：日本住宅公団，1975．

图 1-11　松村秀一．适合于长久居住和高舒适度的部品化体系 [J]．住区，2007，8（26）：36-39．

图 1-13　藤本秀一．スケルトン住宅の系譜．建築技術，1999：34-36．

图 1-17　UR 都市住宅技術研究所報告 [R]．東京：UR 都市機構，2010．

第二章

图 2-1，图 2-2，图 2-5　橋本文隆，内田青蔵，大月敏雄．消しえゆく同潤会アパートメント [M]．東京：河出書房新社，2003．

图 2-3　https://www.afr-web.co.jp/atlas/about/project/edogawa.html/

图 2-4　大月敏雄．集合住宅における経年的住環境運営に関する研究 [D]．東京：東京大学，1997．

图 2-6　清水一．あっぱ Apartment House 高等建築学（第 14 卷）[M]．東京：常磐書房，1933．

图 2-7　株式会社住環境研究所．JKK ハウジング大学校講義録 II [M]．東京：小学館，2001：202．

图 2-8，图 2-21　現代建築の展望 [J]．新建築（臨時増刊），1977（6）．

图 2-9，图 2-11，图 2-12，图 2-14，图 2-16，图 2-20，图 2-23　団地設計の変遷 [R]．東京：UR 都市機構，2010．

图 2-10　共同住宅編集委員会．共同住宅 [M]．東京：技報堂，1966．

图 2-13　日本住宅公団刊行委員会．日本住宅公団 10 年史 [M]．東京：日本住宅公団，1965．

图 2-15，图 2-17 ~ 图 2-19　日本住宅公団刊行委員会．日本住宅公団 20 年史 [M]．東京：日本住宅公団，1975．

图 2-22，图 2-24，图 2-28　https://www.google.com/maps/

图 2-25，图 2-26　末廣香織．集合住宅における所有と管理 - ネクサスワールドのその後 [J]．新建築，2005（08）：150-153．

图 2-27　蓑原敬．日本で質の良い住宅都市は生き残れるのか：14 年たった幕張ベイタウンの今 [J]．新建築集合住宅特集，2009（8）：60-67．

图 2-30　六本木ヒルズレジデンス [J]．新建築，2003（06）：176-177．

图 2-31　ワールドシティタワーズ [J]．新建築，2007（08）：208-211．

第三章

图 3-1　本間博文．居住論 [M]．東京：放送大学教育振興会，2010：109．

图 3-2　橋本文隆，内田青蔵，大月敏雄．消しえゆく同潤会アパートメント [M]．東京：河出書房新社，2003．

图 3-3 ~ 图 3-6，图 3-8，图 3-9　青柳幸人．住宅問題：2DK の誕生 1945-1955[J]．新建築（臨時増刊），1977（6）：129-135．

图 3-7　渡辺光雄．生活様式の研究 [M]．東京：財団法人新建築普及会，1982．

图 3-10　黒沢隆．集合住宅の試み [M]．東京：鹿島出版社，1998．

图 3-11　太田隆信．集合住宅奮闘記 [J]．新建築，1980（11）：214-217．

图 3-12　住宅団地環境設計 ノート編集委員会．都市住宅：住宅団地環境設計ノートその 10[M]．東京：社団法人日本住宅協会，1992．

图 3-13，图 3-17　綱野正織．公団住宅の今日的展開 [J]．建築文化，1990（5）：138-139．

图 3-14　根据日本总务省统计局数据绘制。

图 3-15　鈴木成文，杉山茂一，ぼく勇かん，等．順応型住宅の研究 II [R]．東京：住宅建築研究所報 2 号，1975．

图 3-16　正木正広，長田勝彦，武井秀達．日本住宅公団におけるオープンシステムによる住宅建設の開発研究：KEP[J]．日本建築学会大会学術演梗概集，1981：9．

图 3-17 住宅公団资料。

图 3-18，图 3-19，图 3-24，图 3-25 日本建築学会．コンパクト建築設計資料集成［住居］[M].2 版．東京：丸善，2006.

图 3-20 山本理顕 .HO（ホームオフィス）- ユニット - 集合住宅の入口周辺をもっと自由にしたい! [J]. 新建築，2001（11）：128-129.

图 3-21 山本理顕 . 新しい集合住宅の形式 [J]. 新建築，2000（12）：173-185.

图 3-22，图 3-23 東雲 A 街区住宅プロジェクト [J]. 新建築，2002（4）：152-155.

图 3-26 根据日本《新建筑》《建筑与文化》等核心杂志 175 个住宅案例统计数据绘制。

图 3-27 並木克敏 . アパート生活の啓蒙：同潤会の歩み 1925-1940[J]. 新建築（臨時増刊），1977（6）：74-85.

图 3-28（上）首藤廣剛 . 三重町東営住宅 [J]. 新建築 .2002（5）：176-183.

图 3-28（下）アデル・ノーデ・サントス . 福岡県公営住宅大里団地 [J]. 新建築，2000（4）：194-199.

图 3-29 佐藤健司 . 磯崎新アトリエ . 岐阜県営住宅ハイタウン北方南ブロック第 2 期 [J]. 新建築，2000（5）：92-109.

图 3-30，图 3-31，北緑丘団地 [J]. 新建築 .1980（11）：196-202.

图 3-32 遠藤剛生 . 千里山口イヤルマンション [J]. 新建築，1981（12）：175-186.

图 3-33 小宮山昭 . 類型と異形 [J]. 新建築，1993（6）：209-211.

图 3-34 元倉眞琴，山本圭介，堀啓二 . 活気あふれる「街」をつくる [J]. 新建築，2005（6）：162-163.

图 3-35 門田豊和，福嶋秀明 . データでみる今日の集合住宅公庫融資共同住宅の平均象 [J]. 建築文化，1990（5）：136-137.

第四章

图 4-1 根据日本总务省统计局数据绘制。

图 4-2 根据日本《新建筑》《建筑文化》等核心杂志 175 个住宅案例统计数据绘制。

图 4-4 川口健一 . プロが教える建築のすべてがわかる本 [M]. 東京：株式会社ナツメ社，2010.

图 4-6，图 4-12，图 4-13 杨晓旸 . 基于 PCa 技术的工业化住宅体系及设计方法研究 [D]. 大连：大连理工大学，2009.

图 4-8 共同建筑 . 工業化住宅への指針 Pilot House 選作品集 2[M]. 東京：工業調査会，1972.

图 4-9，图 4-10 城市型モデル住宅：筑波・櫻花団地 [J]. 建築文化，1995（5）：80-84.

图 4-16，图 4-17 多様な要求に応えるスラブの設計 [J]. 建築技術，2001（5）：92-95.

图 4-22，图 4-23 鎌田元康 . 給排水衛生設備学初級編：水まわり入門 . 東京：TOTO 出版，1999.

图 4-25 安枝英俊 . 生活単位の個人化に対応した住宅計画に関する研究 [D]. 京都：京都大学，2005.

第五章

图 5-3 蓑原敬 . 日本で質の良い住宅都市は生き残れるのか：14 年たった幕張ベイタウンの今 [J]. 新建築集合住宅特集，2009（8）：60-67.

图 5-4 福永博，建築研究所 .300 年住宅のつくり方 [M]. 東京：株式会社建築資料研究社，2009.

图 5-5，图 5-6，图 5-7 藤本秀一，集合住宅の長期耐用化のための設計 [R]. 改修技術，1999.

图 5-10 多様な要求に応えるスラブの設計 [J]. 建築技術，2001（5）：92-95.

图 5-11，图 5-14，图 5-22 オープンビルディング東京 2000 実行委員会 . オープンビルディング国際連携シンポジウム報告書 [M]. 東京：新都市ハウジング協会，2000.

图 5-13 川口健一 . プロが教える建築のすべてがわかる本 [M]. 東京：株式会社ナツメ社，2010.

图 5-16，图 5-17 建築思潮研究所 .SI 住宅：集合住宅のスケルトン・インフィル [M]. 東京：建築資料社，2005.

图 5-19 建設省住宅局住宅生産課 . これからの中高層ハウジング [M]. 東京：丸善，1992.

图 5-21 http://www.bankyo.co.jp

参考文献

[1] 日本建築学会 . コンパクト建築設計資料集成「住居」[M]. 2 版 . 東京：丸善，2006.
[2] 本間博文 . 居住論 [M]. 東京：放送大学教育振興会，2010.
[3] 財団法人住宅総合研究財団 . 現代住宅研究の変化と展望 [M]. 東京：丸善，2009.
[4] 日本住宅公団 . 蓮根団地 2DK55 型：昭和 30 年代の中層集合住宅 [M]. 東京：UR 都市機構，2009.
[5] 日本住宅公団 . 多摩平団地タウンハウス：昭和 30 年代底層集合住宅 [M]. 東京：UR 都市機構，2009.
[6] 日本住宅公団刊行委員会 . 日本住宅公団 20 年史 [M]. 東京：日本住宅公団，1975.
[7] 日本住宅公団建築部調査研究課 . KEP の紹介 [R]. 日本住宅公団調査研究期報（48），1975.
[8] 松村秀一 . 适合于长久居住和高舒适度的部品化体系 [J]. 住区，2007，8（26）：36-39.
[9] 高田光雄，巽和夫，坂田保司，等 . 二段階供給方式による分譲住宅のあり方 [R]. 東京：住宅建築研究所報 2 号，1976.
[10] 巽和夫，高田光雄 . 千里亥の子谷 A 団地：二段階供給方式による集合住宅の展開 [J]. 建築文化，1982：138-142.
[11] 増山雅二 . 住宅・都市整備公団におけるフリープラン賃貸住宅制度・住宅特集 [M]. 東京：日本住宅協会，1984.
[12] 日本建築かい住宅小委員会 . 現代集合住宅のデザイン [M]. 東京：彰国社，2004.
[13] 富永一夫，中庭光彦 . 市民ベンチャー NPO の底力 [M]. 東京：水曜社，2004.
[14] 芦原义信 . 街道的美学（上）[M]. 尹培桐，译 . 江苏：江苏凤凰文艺出版社，2017.
[15] 蓑原敬 . 日本で質のよい住宅都市は生き残れるのか：14 年経った幕張ベイタウンの今 [J]. 新建築，2009（8）：60-67.
[16] 橋本文隆，内田青蔵，大月敏雄 . 消しゆく同潤会アパートメント [M]. 東京：河出書房新社，2003.
[17] 並木克敏 . アパート生活の啓蒙：同潤会の歩み 1925-1940[J]. 新建築（臨時増刊），1977（6）：74-85.
[18] 共同住宅編集委員会 . 共同住宅 [M]. 東京：技報堂，1966.
[19] 清水一 . あっぱ Apartment House 高等建築学（第 14 巻）[M]. 東京：常磐書房，1933.
[20] 佐藤方俊 . もう一つの近代主義を再考する [J]. 建築文化，1990（5）：172-173.
[21] 黑沢隆 . 集合住宅原論の試み [M]. 東京：鹿島出版社，1998.
[22] 小沢明 . 街区に住む：敷地主・団地主義から脱却 [J]. 新建築，1996（5）：156-159.
[23] MIKAN. 住区再生设计手册 [M]. 范悦，周博，译 . 大连：大连理工出版社，2009：19.
[24] 建設省住宅局 . 公営公庫公団住宅統攬 [R]. 東京：住宅総攬刊行会，1957.
[25] 谷口汎邦，等 . 建筑规划・设计丛书：集合住宅小区 [M]. 王宝刚，等译 . 北京：中国建筑工业出版社，2001.
[26] 綱野正観 . 公団住宅の今日的展開 [J]. 建築文化，1990（5）：138-139.
[27] 住宅団地環境設計ノート編集委員会 . ハウジングキーワード 200 選（住宅団地環境設計ノートその 14）[M]. 東京：社団法人日本住宅協会，1996.
[28] 藤本昌也 . 住環境設計のための基本的課題：「住環境」革新への基本戦略 [J]. 新建築，1976（7）：145-151.
[29] 前田英寿 . 市街地型街区と街区型建築の実現手法に関する研究 [D]. 東京：東京大学，2005.
[30] 末廣香織 . 集合住宅における所有と管理 - ネクサスワールドのその後 [J]. 新建築，2005（08）：150-153.
[31] 徐锋 . 东云集合住宅，东京都江东区，日本 [J]. 世界建筑，2001（12）：58-59.
[32] 山本理顕 . 新しい集合住宅の形式 [J]. 新建築，2000（12）：173-185.
[33] 井関和朗 . 東雲キャナルコート CODAN：「住まい」と「暮らし」をデザインする街 [J]. 建築文化，2007（12）：3.
[34] 山梨知彦，高橋秀通，吉田博 . ワールドシティタワーズ [J]. 新建築，2007（8）：208-217.
[35] 鈴木成文 . 住まいの計画：住まいの文化 [M]. 東京：彰国社，1998.
[36] 渡辺真理，木下庸子 . 集合住宅をユニットから考える [J]. 新建築 .2000（12）：164-169.
[37] 青柳幸人 . 住宅問題：2DK の誕生 1945-1955[J] 新建築（臨時増刊），1977（6）：129-135.
[38] 鈴木成文 .51C 家族を容れるハコの戦後と現在 [M]. 東京：平凡社，2004.

[39] 太田隆信.集合住宅奮闘記 [J]. 新建築, 1980（11）: 214-217.

[40] 門田豊和, 福嶋秀明.データでみる今日の集合住宅公庫融資共同住宅の平均象 [J]. 建築文化, 1990（5）: 136-137.

[41] 初見学.多様な住み方の提案: SOHO と介護が集合住宅を変える? [J]. 新建築, 2002（4）: 148-149.

[42] 北原理雄.90 年代を読む七つのキーワード [J]. 建築文化, 1993（9）: 70-73.

[43] 東雲キャナルコート CODAN 1街区・2街区 [J]. 新建築, 2003（9）: 138-157.

[44] 孙志坚.住宅设计的多样化对应手法: 日本从住宅标准设计到支撑体住宅 [J]. 工业建筑, 2007, 37（9）: 48-50, 72.

[45] 鈴木成文.順応型住宅の研究 [R]. 東京: 住宅建築研究所報 1 号, 1974.

[46] 新居千秋.住空間の構成: モダンリビングは確立させたか [J]. 建築文化, 1992（6）: 96-97.

[47] 山本理顕.HO（ホームオフィス）- ユニット - 集合住宅の入口周辺をもっと自由にしたい! [J]. 新建築, 2001（11）: 128-129.

[48] 兰海湧.中日在小户型空间尺度和面积分配上的差异 [J]. 建筑学报, 2008（4）: 92-94.

[49] 赵冠谦, 马韵玉.日本集合住宅近况 [J]. 时代建筑, 1985（1）: 74-77, 80.

[50] http://www.stat.go.jp/

[51] 竹中工務店.これからの超高層居住のあり方を求めて: 立体コミュニティー[M]. 東京: 竹中工務店, 1998.

[52] 遠藤剛生.千里山ロイヤルマンション [J]. 新建築, 1981（12）: 175-186.

[53] 首藤廣剛.三重町東営住宅 [J]. 新建築, 2002（5）: 176-183.

[54] アデル・ノーデ・サントス.福岡県公営住宅大里団地 [J]. 新建築, 2000（4）: 194-199.

[55] 吴东航, 章林伟.日本住宅建设与产业化 [M]. 北京: 中国建筑工业出版社, 2009.

[56] 北绿丘团地 [J]. 新建築, 1980（11）: 196-202.

[57] 小宮山昭.類型と異形 [J]. 新建築, 1993（6）: 209-211.

[58] 范悦, 程勇.可持续开放住宅的过去和现在 [J]. 建筑师, 2008（3）: 90-94.

[59] 深尾精一.集合住宅におけるサポート・インフィル分離 [J]. 建築技術, 1999（1）: 122-124.

[60] 岡田克也.多様な要求に応えるスラブの設計 [J]. 建築技術, 2001（5）: 92-94.

[61] ベターリビング.工業化インフィル住宅の工法等の開発における関連技術研究開発の調査 [R]. 東京: 分析業務, 報告書, 2000: 6.

[62] 空気調和・衛生工学会.空気調和・衛生設備技術史 [M]. 東京: 丸善, 1991.

[63] 岩下繁昭.12 年後の KEP 前野町ハイツ [J]. 君居, 1992（29）: 106-110.

[64] 柿川麻衣.KEP 方式集合住宅における可変内装システムの実効性に関する研究 [J]. 日本建築学会大会学術講演梗概集（中国）, 2008（9）: 1001-1002.

[65] 島津護, 小林幹生, 赤対清吾郎.集合住宅における SI 分離の具体的展開 2[J]. 建築技術, 1999（1）: 135-139.

[66] 福田康夫.200 年住宅ビジョン [M]. 東京: 自由民主党政務調査会, 2007.

[67] 福永博, 建築研究所.300 年住宅のつくり方 [M]. 東京: 株式会社建築資料研究社, 2009.

[68] 綱田克也.構造形式とスラブ構法の選択 [J]. 建築技術, 2001（5）: 106-109.

[69] 建築思潮研究所.SI 住宅: 集合住宅のスケルトン・インフィル [M]. 東京: 建築資料社, 2005.

[70] NEXT 21 編集委員会.NEXT 21 その設計スピリッツと居住実験 10 年全貌 [M]. 大阪: 大阪ガス株式会社, 2005.

[71] 公社次世代都市型集合住宅・ふれっくすコート吉田 [M]. 東京: 報告書, 2000: 23.

[72] 陳玉芳.KSI 住宅における雑排水横枝管の緩勾配に関する研究 [R]. 東京: 日本建築学会技術報告集, 2003（17）: 265-266.

[73] 桂玉华, 俞嘉第.定性评价的一种定量判判方法 [J]. 运筹与管理, 1994（Z1）: 48-52.

[74] 独立行政法人建築研究所 2009 年度（第 1 回）長期優良住宅先導のモデル事業: 第 1 分冊モデル事業の概要 [R]. 東京: 独立行政法人建築研究所, 2009.

图书在版编目（CIP）数据

日本集合住宅设计演变 / 崔光勋，范悦著 . -- 北京：
中国建筑工业出版社，2025. 1. -- ISBN 978-7-112
-30296-3

Ⅰ . TU241.2

中国国家版本馆 CIP 数据核字第 2024KA5520 号

责任编辑：焦　阳
责任校对：王　烨

日本集合住宅设计演变

崔光勋　范　悦　著

＊

中国建筑工业出版社出版、发行（北京海淀三里河路 9 号）

各地新华书店、建筑书店经销

北京雅盈中佳图文设计公司制版

北京中科印刷有限公司印刷

＊

开本：889 毫米 × 1194 毫米　1/24　印张：$6\frac{2}{3}$　插页：3　字数：161 千字

2025 年 3 月第一版　2025 年 3 月第一次印刷

定价：58.00 元

ISBN 978-7-112-30296-3

　（43662）